토양으로 읽는 세상
The World read by Soils

박 현 지음

진애드

여는 말

재미있는 소설을 읽다보면 흥미를 잃지 않고 계속 빠져들게 된다. 왜냐하면, 소설 속에는 다채로운 사건이 전개되면서 여러 가지 복선이 제시되고, 갑자기 반전이 일어나서 절정에 도달하는 등의 흐름과 변화가 있기 때문이다. 하지만, 전문지식을 제공하는 교과서를 읽으면 각 장·절의 지식이 병렬식으로 제공되고 파편화되어 연계성이 적으므로 흥미를 잃고 졸게 만드는 경우가 많다. 토양학 교재는 대표적인 사례로 나도 대학 시절 토양학은 전공하지 않는 것이 좋겠다고 생각할 정도였다. 그런데, 인생을 걸어와 보니 내가 토양을 전공하였고, 토양학 강의를 해야 하는 순간이 도래했다. 과거의 악몽을 깨뜨리고자 대학 강의에서 학생들의 흥미를 유발하기 위하여 고민도 많이 했지만, 별 해결책을 찾지 못했다.

특히, 처음 의뢰받은 강의는 서울대학교 대학원생을 대상으로 하는 수업이었는데, 고학력자를 대상으로 하므로 고급 언어와 어려운 수학 및 화학식을 포함하여 강의를 진행하였다. 토양의 구성 물질부터 시작하여 토양의 생태적 중요성, 이론적인 배경부터 관리·활용하는 부분까지 연계성을 강조하며 열심히 강의하였다. 하지만, 흥미롭게 수강하는 학생이 별로 없었다. 다음 학기에는 서울시립대학교 조경학과 4학년 학생을 대상으로 하는 수업이었는데, 조경 기사 시험을 봐야 하니 시험에 나오는 문제의 해결능력을 키워주는 것이 강사의 의무 중 하나였다. 토양과 관련되는 문제가 어떻게 나오는지 확인하고자 국내 조경 기사 시험문제집을 모두 구매하여 내용을 분석하였고, 이를 통해 시험문제를 해결할 수 있는 능력배양 차원에서 친절하게 설명하였다. 하지만, 이들에게도 역시 토양학은 딱딱한 과목, 재미없는 수업으로 취급받았다.

그러던 중 시민단체와 숲해설가 양성과정에서 의뢰받아 두 시간 특강을 하게 되었다. 한 학기의 강좌가 아니라 두 시간 강의였기에 짧은 시간에 함축적으로 설명해야 했다. 기존 강의방식과 색다르게 '흙이란 무엇인가'에서 시작하여 자연과학 이론보다 인문·사회과학적인 시각에서 토양을 설명했다. 특히, 선을 보듯이 토양을 관찰하고, 토양에서 나타나는 현상을 감안하며 결혼생활을 하라는 이야기를 했는데 의외로 호응이 좋았다. 쉽고 재미있게 설명하면 토양학도 흥미로운 과목이 될 수 있다는 사실을 깨닫는 순간이었다.

토양학 전공자가 거의 없었던 탓인지, 이번에는 국민대학교에서 2학년 학생들을 대상으로 하는 '토양학 및 실습' 강의를 요청받았다. 학부 2학년 학생이므로 가능하면 쉽게 강의안을 마련해야겠다고 생각한 순간, "대학생들에게도 시민단체에서 한 것처럼 강의할 수 없을까?"라는 생각이 들었다. 소설과 같이 토양학 교재를 흥미롭게 만들고 강의할 수는 없을까? 그리고, 토양 이야기에 계속 흥미를 갖도록 유도하며 수업을 진행해야 한다는 생각이 들었다. 시민단체를 대상으로 했던 특강처럼, 토양을 위한 토양 이야기가 아니라 사람들의 삶, 생활과 연계한 토양을 이야기하기로 작정하고 강의안을 재편하였다.

한편, 자연과학에 관심을 보이는 여학생들이 늘어나면서 토양학 수강생 중에 여성의 비율이 과거에 비해 높아졌다. 그런데, 삽을 한 번도 만져보지 않은 여성들에게 땅을 파고 토양을 조사하는 것에 흥미를 갖도록 하기는 정말 쉽지 않았다. 고민 끝에, 새로운 시각으로 접근해야 한다고 생각했고, 결국 도출한 아이템은 '결혼 이야기'였다. 토양과 결혼을 엮는 것은 기상천외한 발상이었지만, 선을 보는 마음으로 토양을 관찰하면 재미있다는 화두(話頭)에 흥미롭게 여기는 반응이 나타났다. 솔직히 말하면 얼마나 많은 학생이 정말 흥미롭게 수강했는지 알 수는 없다. 하지만, 최소한 20~30%의 학생들은 적극적으로 수업에 참여하였고, 질문이 많아진 것으로 보아 흥미를 느끼는 학생들이 늘었다고 짐작할 수 있었다.

그렇지만 전공 강의는 다소 딱딱하더라도 필요한 항목은 반드시 포함하여 강좌를 구성해야 한다는 고정관념에 젖어 있었다. 그래서 한 학기 커리큘럼 속에는 여전히 재미없고 전반적인 연계성이 적은 부분도 포함하여 준비할 수밖에 없었다. 특히, 중간고사 이전 강좌는 비교적 재미있게 구성했지만, 중간고사 이후의 강의 내용은 여러 가지 정보를 나열식으로 전달하다 보니 흥미가 떨어지는 부분이 많았다. 때로는 강사도 정확히 이해하지 못한 바를 커리큘럼에 포함하여 강의하려니 실질적인 내용보다는 개념적인 설명으로 채우기도 했다. 내가 대학생 시절 지루하게 느꼈던 토양학 강의를 후배들도 느끼게 하는 강의 구성이었다.

그래서 다시 도전한 재편 내용은 내가 잘 알고, 자신있게 설명할 수 있는 것만 포함하여 흥미를 잃지 않도록 강의를 준비하는 것이었다. 토양학 개론 강의에 꼭 포함되어야만 하는 내용일 수 있으나 강사조차 정확히 알지 못하는 내용은 과감히 생략하고 흐름을 이어갈 수 있도록 재편하였다. 또한, 자연과학적인 지식만을 전달하기보다 우리 삶과 연계하여 설명하며, 강의의 지루함을 없애고 토양이 주는 삶의 지혜를 찾아보려고 노력하였다.

그렇지만 모든 부분을 삶과 직접 연계시켜 설명할 수 없었다는 아쉬움이 남는다. 아울러, 여전히 토양의 특성이나 역할을 설명하면서 전공용어를 사용하는 한계를 벗어나지 못했음도 깨닫는다. 그래도 흙 또는 먼지로써 나와 상관없는 존재로 여겨지는 토양이 실은 우리의 삶과 깊은 관계가 있는 존재라는 것만은 충분히 느끼게 할 것으로 생각한다. 한편, 일부 글과 그림은 공저로 참여한 '숲의 생태적 관리(2012)'와 '자연자원의 이해(2023)'에서 저자가 작성했던 부분을 그대로 발췌하여 포함시켰음을 밝힌다. 모쪼록 인류의 삶과 연계되는 토양 이야기에 빙긋이 미소짓는 독자를 기대하며 '토양으로 읽는 세상' 문을 연다.

나누려는 이야기

02 **여는 말**

제 1 장 **토양에 대한 여러 가지 생각**

12 바탕
16 공급처
20 살아있는 생태계
24 재료(材料)
26 문명 발달의 기초

제 2 장 **시간을 담은 토양**

38 다른 차원
42 토양 관상학(觀相學)
50 극복하기 어려운 운명?
57 제대로 보는 토양의 관상(觀相)

제 3 장 **토양과 결혼이야기**

68 수용성(受容性) 평가
75 주변 여건 파악
84 역량(力量) 평가
92 투자 효율성 분석
96 지혜로운 주연(主演)
103 작지만 큰 역할을 하는 존재
109 신(神)은 디테일에 있다
114 적지적수(適地適樹)

제 4 장 **토양과 현대사회**

- 122 빈익빈 부익부
- 128 상생과 공생
- 137 보물찾기
- 144 간척(干拓)
- 148 선순환체계
- 154 근묵자흑(近墨者黑)

제 5 장 **토양과 생활**

- 162 아토피(兒土避)
- 166 도시의 오아시스
- 172 난지도(蘭芝島)
- 178 분해의 미학
- 183 장릉(莊陵)의 추억
- 187 가이아(GAIA)
- 191 흙 속의 진주

196 **닫는 말**

제1장

토양에 대한 여러 가지 생각

바탕

공급처

살아있는 생태계

재료(材料)

문명 발달의 기초

제 1 장

토양에 대한 여러 가지 생각

흙이라는 단어를 네이버 사전[1]에서 찾아보면, '지구 표면을 덮고 있는, 바위가 부서져 생긴 가루인 무기물[2]과 동식물에서 생긴 유기물[3]이 섞여 이루어진 물질'로 정의되어 있다. 성경에는 창조주께서 흙으로 각종 들짐승과 공중의 각종 새, 그리고 사람을 빚어 만들었다고 서술하고 있으며, 너는 흙이니 흙으로 돌아갈 것이라고 선언하는 구절도 여러 번 찾을 수 있다. 즉, 흙은 암석 풍화물인 무기물만이 아니라 유기물도 포함하는 물질로서, 사람을 포함한 각종 생물의 생존이나 생활의 기초가 되는 존재라고 할 수 있다. 하지만, 도시에 사는 사람들에게 흙은 지저분한 먼지로 여겨지고 하찮은 존재로 취급을 받는다.

흙은 영어로 soil이라고 표현하는데, 다시 soil의 뜻을 한국어로 찾으면 흙, 또는 토양(土壤)이라고 번역된다. 토양을 다시 사전에서 찾아보면, 흙이라는 말과 비슷하게 여겨지며, 농작물 등에 물과 영양분을 공급하여 자라게 할 수 있는 매질(媒質)이라는 표현이 나온다. 즉, 흙은 작은 알

---

1) https://dict.naver.com
2) 무기물(無機物)은 생물에서 유래한 유기물(有機物)과 달리 주로 광물(鑛物)에서 유래한 물질을 말한다.
3) 유기물(有機物)은 탄수화물, 지방, 단백질과 같은 물질을 말하는데, 생물을 구성하거나 생물에 의하여 만들어지며, 탄소를 기본 골격으로 수소와 다른 원소가 결합한 화합물을 의미한다. 여기서는 주로 낙엽(落葉), 낙지(落枝), 열매 등 식물에 의해 만들어진 것을 말한다.

갱이를 의미하지만, 토양은 이들이 모여 있는 존재로서 각종 식물의 성장을 돕는 배경이 되기도 한다.

30대 시절, 숲해설가를 양성하기 위한 교육과정에서 숲의 토양에 대한 강의를 마친 후의 일이다. 나보다 인생을 두 배 가까이 살아오신 듯 보이는 두 학생(사실은 명예교수님들이었음)이 빙긋 웃으며 말을 건네왔다. 본인들은 '토목학'과 '지질학'을 전공하였는데, 토양을 보는 다른 시각을 경험할 수 있어서 흥미롭게 들었다고 소감을 밝혔다. 토목학에서는 토양이 지주(支柱) 역할을 제대로 할 수 있는지에 초점을 둔다. 따라서 기반암(基盤岩)을 비롯한 지질학적인 면에서 주로 검토한다. 특히, 유기물이나 수분이 많은 곳은 기반(基盤)의 안정성이 떨어진다는 부정적인 시각으로 토양을 검토한다. 그런데, 생태학에서는 오히려 유기물과 수분이 중요하게 여겨진다는 사실을 알게 되어 재미를 느꼈다는 것이다.

이 사건은 내가 생태학이나 농학적인 측면에서만 토양을 생각하던 틀에서 벗어나는 계기가 되었다. 전공 영역에 따라 사물을 보는 시각은 차이가 클 수밖에 없다. 하지만 지질학이나 토목·건축학적 측면에서 토양을 인식하는 분들과 대화를 나누게 되니 새로운 깨달음이 있었다. 특히, 토양은 토목이나, 지질학, 생태·농학적 시각에서 볼 때 모두 근본(바탕)이 되고, 중요한 매질(媒質)이 된다는 공통점이 있었다. 어느 시각에서나 토양은 기반(基盤)이 됨을 알게 된 것이다.

01
바탕

    어떤 활동이나 현상 등이 이루어질 수 있는 밑받침, 기반을 비유적으로 일컫는 말로 '토양(土壤)'이라는 단어를 사용한다. 토(土)는 지평선 위에 무언가가 얹혀 있는 모양을 나타내며, 양(壤)은 '흙 토(土)'와 '도울 양(襄)'이 합해져 있다. 즉, 한자(漢字) 문화권에서 토양이라는 말은 땅을 기초로 하여 도움을 주는 존재를 의미한다고 할 수 있다. 예를 들어, 사람이 어떤 환경에서 자라왔는지 이야기할 때나, 특정 모임이나 사회의 분위기를 말할 때 토양이라는 용어로 표현하곤 한다. 이렇듯 토양은 사회학적인 의미에서 성장 배경을 의미하는 경우가 많으며, 인간을 포함한 생물이 생장하는 바탕이 되는 존재라고 할 수 있다. 그러므로 사회나 사람을 이해하고, 땅을 기반으로 성장하는 숲의 성숙도나 농작물 수확량을 전망하면서 그 터전이 되는 토양을 알고자 하는 것은 당연하다.

    하지만, 진리를 추구하는 상아탑(象牙塔)[4]이라 일컬어짐에도 불구하고 삶의 바탕을 배우는 것의 중요성이 도외시되고 있는 우리나라의 대학교에는 '토양학과'라는 이름을 지닌 학과가 없다. 농화학이나 지질학, 토목학을 전공하는 학과에 토양학을 강의하는 교수들이 있기는 하지만, 각자의 전공 영역과 연관되는 토양의 일부 기능에 대하여 주마간산(走馬看山)

---

4) 상아탑(象牙塔)은 코끼리의 어금니인 상아로 이루어진 탑이라는 뜻이지만, 속세를 떠나 조용히 진리와 예술을 탐구하는 태도를 말한다. 진실을 추구하는 대학, 예술을 사랑하는 사람을 뜻하는 말로 사용된다.

격으로 개론을 강의하는 경우가 대부분이다. 내가 20세기 말 박사과정을 이수했던 미국 위스콘신주립대학교 토양학과에는 전임 교수 21명이 근무하고 있었다. 토양의 기원이 되는 광물의 구조부터 시작하여 토양 내에서 물과 공기, 물질들이 어떻게 움직이며 변화하는지 파악하는 연구를 한다. 또한, 토양미생물에 관한 연구도 다양하게 진행하는데, 그 범위가 오염물질 제거부터 물질 순환에 이르기까지 방대하다. 복잡한 수학이나 화학식을 포함하는 내용은 연구를 위한 연구로 인식될 수도 있지만, 바탕이 되는 토양에 대하여 제대로 알려면 이렇듯 다각적인 면에서 공부가 필요하다.

당연한 이야기라고 할 수 있는데, 바탕이 되는 토양을 이해하려면 그 밑바탕을 알아야 한다. 땅을 파 보고, 그 속에 어떤 모습을 갖추고 있으며, 어떤 일이 벌어지고 있는지를 알아야 한다. 사람도 겉모습만 보고 섣불리 판단하지 말아야 하듯이 지면(地面) 아래에 많은 것을 담고 있는 토양을 충분히 이해하려면 그 내면의 모습, 바탕을 확인해야 한다.

학위를 마친 후 귀국한 지 얼마 지나지 않았을 때, 선배 연구자와 함께 경상남도 고성의 한 숲에 출장을 가게 되었다. 처음 가보는 숲이었기에 다소 조심스러운 모습으로 숲의 전반적인 모습을 살펴보고 있는데, 선배가 질문을 던졌다. "박 박사, 이 숲의 토양은 어떤 것 같니?" "달관적인 측면에서 토양 상태가 어떤 것 같은가?"라는 질문으로 이해가 되었지만, "토양을 알려면 땅을 파 보아야죠. 그냥 보아서 어떻게 알겠습니까?"라고 대답을 하였다. 그랬더니, "아니 토양학박사가 꼭 땅을 파 보아야만 아는가? 전문가로서 전반적인 진단을 해 보게."라고 재촉을 하였고, 동행한 다른 연구자들의 눈동자도 나의 입을 주목하는 상황이 되었다. 어쩔 수 없이 신고 있던 등산화를 이용하여 땅을 툭툭 파 보며 진한 갈색의 겉부분 토양을 확인하고 "예, 이곳 토양은 비교적 비옥한 것 같습니다. 그런데 …"라고 말을 이어가는 순간, 뒤통수로 강한 손찌검이 날아들었다. 아니 이제 달걀 한 판과 숫자를 같이 하는 나이인데, 감히 누가 나에게 이런 폭력을 행사한다는 말인가 생각할 겨를도 없이 선배에게서 나오는 말이 있었다. "진짜 토양 전문가를 모셔 왔다고 생각했는데 이 녀석도 엉터리구만! 토양을 이야기하려면, 땅을 파서 제대로 보고 이야기를 해야지!" 아차 싶었지만, 선배의 강요로 개괄적인 이야기를 드린 것이라고 변명을 하려다가 "역시 선배는 선배다!"라는 생각이 들었다. 전문가라고 어깨에 힘을 주고 어쭙잖게 함부로 말하는 실수를 범하지 말라는 귀한 가르침이었다.

박사과정을 이수하는 중에는 내가 연구하는 시험지의 토양을 조사하기 위해 지도교수님과 구덩이 파기 경쟁을 한 적이 있다. 지도교수께서 토양조사를 위해 깊은 구덩이를 파는데 직접 하려고 하기에, 젊은 학생이 해야지 교수님이 하는 것은 아닌 것 같다고 만류하였다. 그런데, 교수님께서는 삽으로 땅을 파는 순간부터 토양의 특성을 느낄 수 있으므로 직접 느끼고자 한다고 말씀하셨다. 느껴도 연구하는 담당자가 느껴야지 교수님이 느낄 일은 아니지 않느냐고 반대하다 보니 둘이 서로 느끼겠다고 경쟁하며 두 개의 구덩이를 파게 되었다. 결국, 두 구덩이에 다소 차이가 있어서 통계적인 해석을 위해 하나 더 파게 되었지만, "직접 느끼고 싶다."라는 지도교수님의 말은 지금도 귓가에 맴도는 듯하다.

우리나라 속담에 "산에 가야 범을 잡는다."는 말이 있다. 산에 사는 호랑이를 잡으려면 산에 가야만 한다는 이야기이다. 호랑이가 어떻게 생겼고, 어떤 특성을 지녔으며, 그래서 어떻게 하면 잡을 수 있다는 이야기가 호랑이를 손에 쥐게 해 주지는 못한다. 일단, 호랑이가 사는 산에 가서 호랑이를 잡는 시도를 해야만 한다. 마찬가지로 토양을 아무리 많이 공부했다 할지라도 실제 그 토양을 제대로 알려면 반드시 그 토양을 눈으로 확인하고 손으로 만져보며 느껴야만 한다. 바탕을 이해하려고 하면서 그 바탕을 확인하지 않고 윗부분만 보고 이야기하면 안 된다는 뜻이다. 어떤 경우라도 토양을 이야기하려면, "삽을 들고 땅을 파며 느끼고, 그 속을 확인해야만 한다."라는 이야기로 토양에 대한 접근 방식을 요약할 수 있다.

02

공급처

공자는 논어(論語)에서 자신의 일생을 여섯 단계로 나누어 규정하면서 15세에 배움에 뜻을 세웠고(지우학; 志于學), 30세에 자립하였으며(이립; 而立), 40세에는 사물의 이치를 터득하여 세상사에 흔들리지 않게 되었다고(불혹; 不惑) 하였다. 50세에 하늘의 뜻을 알게 되었고(지천명; 知天命), 60세에는 인생에 경륜이 쌓이고 사려와 판단이 성숙해서 남의 말을 잘 받아들일 수 있게 되었으며(이순; 耳順), 70세에는 마음대로 행해도 도리에 어긋나지 않는 나이(종심; 從心)에 이르렀다고 자평하였다. 73세의 일기로 삶을 마감한 공자에 비하여 평균 수명이 80세를 넘는 수준으로 길어진 현대인은 철이 들고 인생의 성숙도를 이루는데 더 많은 시간이 필요한 것 같다. 특히, 나는 지천명을 넘은 신중년의 나이에 들어서도 아직 하늘의 뜻을 잘 알지 못하고 내 시야를 벗어나지 못하는 한계를 종종 느끼곤 한다. 자신을 토양생태학자라고 소개하지만, 토양이 보여주는 오묘함에 경이로움을 종종 느끼며, 하늘은 고사하고 땅의 뜻도 아직 모르는 내 수준을 자각하곤 한다.

내가 참여하는 연구모임 중에 '국가생존기술연구회'라는 단체가 있다. 이 모임은 자연과학자만이 아니라 사회과학 전공자도 함께 참여하고 있다. 국가의 장래를 생각하며, 지구촌의 치열한 경쟁 속에서 우리나라가 살아남기 위해 꼭 필요한 과학 기술이나 관련 정책에 대하여 고민하고 대안을 모색하는 모임이다. 2017년과 2019년 「국가생존기술」이라는 제목을 지닌 서적의 발간에 참여하기도 하였는데, 「2019 국가생존기술」에서는 흙(토양, 대지)에 대한 저술에 참여하였다. 「2019 국가생존기술」은 탈레스의 4원소론을 참고하여 '대한민국 물·불·공기·흙의 위기 진단'이라는 주제로 각 분야 16인의 전문가들이 비교적 쉬운 어투로 정리한 서적이다. 책의 주제를 정하기 위하여 다양한 분야의 전문가들이 참여하여 기획하였고, 정해진 제목에 맞는 4개 분야의 세부 내용을 어떤 것으로, 누가 채울 것인지 추천을 받았다. 흙(토양, 대지)에 대하여는 내가 분야 대표로 편집하였는데, 「흙, 인류 생존의 기반」이라는 소제목 아래, 식량 생산기지, 광물자원 공급원, 거주공간 제공처, 오염물 해결처가 되는 토양·토지에 대하여 작성하였다.

나는 전공이 토양 생태학이라고 표명하며 토양의 다양한 기능을 이해하고 있다고 생각해 왔다. 생태적인 측면에서 토양입자의 구성 요소에 대하여도 고찰해 본 적이 있었기에, 광물자원 공급원으로서의 토양은 다소 한계는 있지만 고개를 끄덕일 수 있는 영역이었다. 하지만, 거주공간을 제공하는 토지, 대지의 개념을 포함하여 이와 관련되는 정책을 논의하는 것은 나를 각성시켰다. 내 사고의 폭이 여전히 편협하였음을 깨닫게 하는 혜성(彗星)을 만난 느낌이었다. 물론, 여기에서도 대지(垈地)로서의 토양에 대한 논의는 거의 기술되지 않을 것이다. 생태학자로서 토양의 생태학적 기능, 생산·소비·분해와 관련되는 내용을 중심으로 이야기를 풀어나갈 것이다. 하지만, 토양은 개별 입자가 각종 광물자원의 공급원이며, 그들이 뭉쳐서 형성되는 대지 위에는 인류를 비롯한 많은 생물의 거주공간이 제공되고 있다는 것도 간과되지 않아야 한다.

물 없이 생물의 생존이 불가능하다는 것이 거역할 수 없는 진리이듯, 육상의 모든 생물이 토양에 의존하여 살아가고 있다는 사실도 부정할 수 없다. 지하(地下)에 분포하는 각종 암석(巖石)은 다양한 광물자원을 제공한다. 인류의 문명단계를 석기, 청동기, 철기시대와 같이 인류가 주로 사용한 광물자원의 종류로 구분할 정도로 광물자원은 인류의 생활에 큰 영향을 미친다. 인류는 각 시대를 거치면서 지각(地殼)을 구성하고 있는 천연 암석에 함유된 광물자원을 채굴하고 정제하여 이용해 왔는데, 아쉽게도 광물자원은 재생 불가능하다는 한계와 단점이 있으므로 아껴서 사용해야 한다. 반면, 지각이 풍화되어 새로운 3차원 세계를 형성한 토양은 재활용이 가능한 형태로 자원을 공급하는데, 토양을 터전으로 자라는 식물(植物)은 지속적으로 수분과 양분을 공급받을 수 있다.

흙 알갱이 사이에 형성된 공극에 품고 있던 공기와 물, 다양한 이온은 각종 생물의 생존과 생활을 위한 산소 공급원, 영양물질 제공자가 된다. 사회가 복잡해지면서 생산되는 품목이나 소비되는 양이 증가하는 것처럼, 토양이 발달하면서 더욱 다양한 자원이 만들어지고 활용된다. 천이(遷移; succession)[5] 단계에 따라서 식물이 토양과 주고받는 영향이 커지게 되고, 식물과 더불어 나타나는 동물과 땅속의 미생물은 토양의 가치를 더욱 높여간다. 특히 흥미로운 것은, 인간이나 동·식물에게는 쓰레기로 여겨질 수 있는 다양한 유기물이 미생물에게는 중요한 먹이가 된다. 그리고 미생물에 의하여 형성되는 부산물은 다시 식물(植物; plant)에게 영양분으로 활용되어 인간을 비롯한 동물이 먹을 수 있는 식물(食物; food)

---

[5] 천이(遷移; succession) : 같은 장소에서 시간의 흐름에 따라 진행되는 식물 등 생물군집의 변화

을 제공한다. 즉, 토양은 광물자원과 달리 선순환체계 형성을 통해 계속 활용될 수 있는 자원이다.

　아낌없이 주는 나무라는 이야기를 하며, 살아있을 때는 그늘과 열매를 만들어 주고 죽어서도 목재를 제공하는 나무를 칭찬한다. 하지만 나무는 일정한 한계를 지니고 소멸할 수밖에 없는데 토양은 늘 우리 옆에 존재한다. 우리의 삶이 영위될 수 있도록 다양한 형태로, 때로는 미처 상상하지도 못한 것까지 공급하는 것이 토양이다. 지구(地球)를 지칭하면서 'mother earth', 즉, 엄마와 같은 지구라는 표현을 한다. 이때 지구는 땅을 의미하는데, 늘 품어주고 모든 것을 아낌없이 주는 토양을 고려하여 이렇게 표현한 것이 아닐까 생각한다.

03 살아있는 생태계

생태학의 영어 표현은 'ecology'이며, 접두어인 생태(eco-)의 어원이 되는 그리스어 'oikos'의 뜻은 경제공동체, 가족·집이다. 즉 생태는 가정처럼 삶의 기본이 되는 구성체로서, 구성원을 연결하고 안전의 울타리를 제공하는 물리적·심리적 공간을 포괄한다. 즉, 생태계는 집과 같은 공간에서 생물·무생물적 요소들이 어우러져 살아가는 모습이나 관계라고 할 수 있다. 숲의 생태, 호수의 생태, 회사의 생태라는 용어를 사용할 수 있으며, 토양도 나름의 생태계를 갖고 있다고 말할 수 있다.

나중에 더 자세히 언급하겠지만, 토양은 우선 흙 알갱이들이 주축을 이루어 집의 기둥이나 벽과 같은 외형구조를 형성한다. 집의 공간 속에 각종 생활용품이 가족의 삶에 도움을 주듯이, 흙 알갱이 사이의 공기와 물에 녹아있거나 어우러져 있는 각종 이온이 토양 내에서 살아가는 생물에게 도구와 먹잇감 역할을 한다. 지상부에서 내려온 식물 뿌리는 지상 생태계와의 통로 역할을 하며, 각종 물질을 제공하거나 반출(搬出)하여 토양생태계에 가장 큰 영향을 미치는 존재이다. 가정에서 가장(家長)이 사회생활을 하면서 경제적 공급원이 되고, 때로는 사회의 여러 현상을 가정에 반영시키는 모습과 비슷하다. 그런데, 가정에는 가장만이 아니라 여러 가족이 있는 것처럼, 토양에도 다양한 종류의 생물이 어우러져 살고 있다.

생태를 논할 때 유의할 사항은 생태계는 일정한 범주로 표현되는 공간에서 구성원끼리만 영향을 주고받는 폐쇄된 관계가 아니라는 것이다. 우리 가족끼리만 사는 것이 아니라 다른 사회와 긴밀한 관계를 맺고 살아가는 것이 가정인 것과 마찬가지이다. 숲 생태계는 대기권(大氣圈)이나 수권(水圈)과도 연결되어 서로 영향을 주고받는다. 토양생태계도 지면 아래의 공간이 주축이 되지만 지상 생태계와 토양 아래 위치한 암반 및 지하수대와도 연관을 맺고 있는 권역이다. 아울러, 생태계의 내부 구성원 간에도 서로 끊임없이 소통하며 지내야만 하는 것이 생태계이며, 각 구성원의 행태(行態)는 다른 구성원에게 많은 영향을 준다.

아무리 서먹서먹한 가족이라도 피는 물보다 진하기에 남남처럼 살 수 없으며, 모든 가정에 아픈 손가락이 있는 것이 현실이다. 마찬가지로 생태계 구성원 중에는 생태계에 악영향을 끼치는 존재가 있고, 이를 보완하기 위하여 애를 쓰며 살아가는 다른 구성원들의 노력도 있다. 가족 구성원 한 사람에게 좋은 일이나 나쁜 일이 있으면 그 사건으로 인히어 서로 기뻐하거나 염려를 하는 것처럼, 토양생태계 내의 생물과 무생물도 서로 유기적인 관계를 맺으며 끊임없는 변화가 진행되고 있다. 그러므로 토양을 이해하려면 일정한 시간에 보이는 정적(靜的)인 모습으로 판단하지 말고, 과거와 미래를 고려한 동적(動的)인 접근방식으로 살펴보아야 한다. 앞서 이야기한 것처럼 토양생태계가 우리 가정과 비슷한 구성 요소를 지니고 있으므로, 토양의 동태(動態)를 살펴보면 인간의 삶에 도움이 되는 지혜를 깨달을 수 있을 것이다.

토양에 의존적이라 할 수 있는 각종 생물이 토양 속 또는 주변에서 살아가고 있는데, 그 생물의 크기가 토양에 미치는 영향은 그리 크지 않다.

몸집이 큰 동물들이 토양에 큰 변화를 만들기도 하지만, 토양 내의 세밀한 변화에는 그리 큰 영향을 미치지 않는다. 마치 장성한 자녀가 가끔 가족에게 큰 영향을 주지만 실제 가족의 세세한 정서나 행복에는 그리 큰 영향을 미치지는 않고, 어린아이들의 작은 몸짓이 부모의 얼굴에 미소를 번지게 하는 모습과 비슷하다. 눈에 잘 보이지도 않지만, 토양 내에서 많은 물질의 생화학적 변화를 일으키며 항상성(恒常性)을 유지하는 역할을 하는 존재는 토양미생물이다. 이들은 가정에서 가족들의 모든 것을 묵묵히 채워주고 있지만, 눈에 보이지 않는 엄마의 역할을 상기시켜 준다.

자본주의 사회에서 돈이 가정의 존속과 번영에 많은 영향을 미치는 것처럼, 토양을 토대로 살아가는 많은 생물에게 토양의 비옥도(肥沃度)는 좋은 토양과 나쁜 토양이라는 표현을 사용할 정도로 매우 큰 영향을 미치고 있다. 그런데, 토양의 비옥도는 어떤 식물이 자라는가에 따라 다르게 평가될 수 있으며, 아무리 많은 영양분을 갖고 있다 할지라도 특정 식물이 원하는 특정 물질이 풍부하지 않으면 그 식물이 자랄 수 없다. 반면, 전반적인 비옥도는 낮음에도 불구하고 해당 토양 조건에서 잘 버틸 수 있는 종류의 식물이 들어오면 안정적인 생태계가 형성된다. 사람에 비유하자면, 토양의 비옥도는 그 사람이 가진 재능이라고 볼 수 있다. 우리는 보통 다재다능한 사람을 능력있는 사람으로 여기지만, 특정한 재주만 지닌 사람도 자신의 영역을 제대로 찾으면 성공적인 삶을 살 수 있는 것처럼 특화된 토양생태계도 존재한다.

우리 가정에도 끊임없는 변화가 일어나고 있듯이 토양은 늘 그 모습 그대로 존재하지 않는다. 외부적인 압력에 의하여 변화를 강요당하기도 하며, 토양 내 존재들의 성장 또는 쇠퇴에 따라 생태계의 전반적인 모습이 달라지기도 한다. 어떤 토양생태계는 내성(耐性)과 회복탄력성(回復彈力性)이 크지만, 다른 토양생태계는 작은 압력에도 쉽게 무너지고 다시 회복되는데 매우 오랜 시간이 소요되거나 아예 원래 모습으로 재기(再起)를 하지 못하는 경우도 있다. 이 경우의 핵심은 생물다양성인데, 다양성이 높은 생태계는 내성과 회복탄력성이 크지만, 다양성이 낮으면 쉽게 무너질 수 있다는 것이다. 형제가 많은 가족은 가정 대소사가 있을 때 다양한 여건에 있는 형제들이 그 어려움을 함께 이겨낼 수 있지만, 비교적 능력있는 사람이라 할지라도 자신의 장점을 발휘할 수 없는 여건을 맞이한 외아들이나 외동딸의 경우에는 그 어려움을 혼자 극복하기는 쉽지 않은 사례와 비슷하다. 토양은 정말 우리 인간사(人間事)에서 찾을 수 있는 많은 이야기를 품고 있으며, 안정적인 모습을 보이는 것 같지만 엄청난 변화가 진행되고 있는 살아있는 생태계이다.

04
재료(材料)

   첫 아이의 결혼을 준비하면서 답례품을 다소 특이하게 준비하기로 했다. 그림 그리기를 좋아하는 둘째 아이에게 부탁하여 나름대로 개발한 캐릭터를 그려 넣은 접시를 만들자는 것이었다. 대량의 도자기를 직접 만들기는 어려워서 도자기를 만드는 공장이 많이 모여있는 경기도 광주로 향했다. 초벌구이 상태의 도자기에 우리가 원하는 캐릭터를 그려 넣고 다시 구워 멋진 접시를 만들기 위함이었다. 경기도 광주는 조선시대에 궁궐 내 음식을 담당하는 관청인 사옹원(司饔院) 분원이 설치되면서 백자를 본격적으로 생산하면서 도자기를 굽는 가마가 많이 생겨 매년 도자기 축제가 열리는 고장이다.

   도자기는 흙으로 모양을 만들고 불에 구워 만드는데, 점성을 지닌 흙은 원하는 모양을 만들기 쉽지만 가열하면 흙 속의 규소의 역할로 돌처럼 변화되는 마법의 재료이기 때문이다. 우리나라에서 백자를 만들 때 사용하는 재료는 '고령토'라 불리는 흙이다. 사실 고령토는 가장 흔한 점토광물(粘土鑛物)[6] 가운데 하나로 카올린(kaolin), 백도토(白陶土) 등으로 불린다. 고령토는 중국 강서성 경덕진의 고령(가오링, Kaoling, 高嶺) 지역에서 산출되는 점토로 만들어진 도자기가 유명해지자, 그 흙을 영어식 표기인 카올린(kaolin,

---

6) 점토광물(粘土鑛物; clay minerals) : 학문 분야별로 정의가 다르지만, 토양학에서는 4μm이하의 극히 미세한 입자로 구성된 층 모양의 규산염 광물을 총칭하여 부른다. 대표적인 점토광물로서는 카올리나이트, 일라이트, 벤토나이트, 디카이트, 녹니석, 산성백토, 해록석 등이 있다.

kaolinite)으로 부르게 된 듯하다.[7] 국내에서는 경기, 전남, 강원, 경남 일부에 분포하는데, 품질이 좋은 고령토는 철과 마그네슘 성분이 거의 없어서 순백색 또는 회색을 나타낸다. 이들은 높은 온도에서 구워내면 흰색으로 변하므로 백자(白磁)의 원료로 적합하다. 조선시대 백자 생산의 원료로 사용되었고 현대에도 고령토를 이용하여 도자기를 생산하고 있다.

인류는 흙을 가공하여 생활 소재로 활용하면서 석기시대를 넘어 토기시대로 발전한다. 우리가 흔히 진흙이라고 부르는 고운 흙을 식기를 비롯한 각종 도자기를 만드는 요업(窯業)[8]이 일찍 시작된 것이다. 점토광물은 가소성(可塑性)과 점착성(粘着性), 흡착성(吸着性) 등 다양하고 신비한 특성이 있어서 그 용도가 더 확장되고 있다. 현대에는 '세라믹'이라는 용어로 불리고 있는데, 목욕탕 등에서 사용되는 각종 타일 제조에 활용되고 있고, 최첨단 우주선의 표면을 덮어 강한 마찰력을 견디는 핵심 재료가 되기도 한다.

우리나라에서 전통적으로 사용되어 온 황토(黃土)는 0.02~0.05mm의 바람에 날려가는 정도의 고운 토양인데, 집을 짓거나 피부 미용, 때로는 식용 재료로 활용되고 있다. 인류만이 아니라 벌이나 새 중에서도 흙을 사용하여 집을 짓기도 한다. 땅벌은 진흙 입자를 엮어 집을 만들고, 제비 등 많은 종류의 새는 나뭇가지 등과 더불어 흙을 사용하여 집을 짓는다. 성경에서 사람을 만드는 재료로 사용되었다고 언급되는 흙은 인류의 토목이나 건축, 생활소재 분야에서도 다각적으로 활용되고 있으며, 다른 생물도 흙을 삶을 영위하기 위한 귀한 재료로 사용한다.

---

7) 출처 : 두산백과(http://www.doopedia.co.kr/)
8) 요업(窯業: ceramic industry) : 무기재료공업(無機材料工業)이라고도 하며, 전통적으로는 점토(粘土)를 원료로 이것을 구워서 제품을 만드는 산업을 요업이라고 하였지만, 현대에는 그 범위가 넓어져서 비금속 무기 재료를 원료로 하고, 가마를 이용 열처리공정을 거쳐 제품을 만드는 산업을 총칭한다.

05 문명 발달의 기초

　인류가 무엇을 기초로 생존할 수 있게 되었는가에 대하여는 여러 가지 가설이 있다. 서양에서는 탈레스의 4원소론이 있는데, 물과 불, 흙, 그리고 공기가 인류의 생존에 필수 불가결한 요소라고 이야기한다. 동양의 오행설(五行說)에서는 하늘에 있는 해(日)·달(月)과 더불어 땅에서는 물(水), 불(火), 흙(土)과 더불어 쇠(金)와 나무(木)를 다섯 가지 중요한 요소로 꼽는다. 즉, 동양과 서양이 모두 불과 물, 그리고 흙이 인류 생존을 위한 3대 원소라는 사실에 동의한다. 그런데, 불은 원소라기보다는 물질이 산소와 결합하여 높은 온도로 빛과 열을 내며 타는 현상이라고 할 수 있으므로, 물과 흙이 가장 중요한 원소로 여겨졌다고 할 수 있다. 이러한 사고방식은 현대까지 이어져 내려오고 있는데, 특히, 인체에서도 70%를 차지하는 물은 모든 생명의 근원으로 여겨진다.

　인류의 삶에서 물의 중요성은 더욱 강조되고 있는데, 정규 교과과정의 사회탐구 영역에서는 인류 문명이 강을 끼고 발달하였다고 설명한다. 우리나라에서 가까운 곳에서부터 살펴보면, 중국, 인디아, 메소포타미아, 그리고 이집트 문명이 모두 황허강, 인더스강, 티그리스강 및 유프라테스강, 그리고 나일강 등 큰 강을 끼고 발달하였다. 북아메리카 대륙에서도 미시시피강이 문화의 중심에 서 있고, 우리나라에서도 4대강이라 일컬어지는 한강, 금강, 낙동강, 영산강이 경제성장의 토대가 되었음은 사실이다. 강에 흐르는 물이 문명 발달의 핵심 요인임을 동의하게 만드는 좋은 근거이다.

문명(文明)은 사람들이 모이면서 형성·발전하게 되는데, 사람들이 모이기 위해서는 먼저 식생활 문제가 해결되어야 한다. 먹거리가 안정적으로 공급되어야 삶이 영속될 수 있다. 수렵이나 목축 생활방식은 한곳에 정착하지 못하고 주기적으로 이동해야 하는데, 안정적인 먹거리 확보가 어려운 탓이라 생각된다. 그런데 다시 생각해 보면, 물은 강에만 있는 것이 아니다. 약수터는 산에 있고, 큰 산을 배경으로 지닌 산촌은 가뭄에도 물이 안정적으로 공급된다. 그런데, 산악을 기초로 발달한 문명은 4대 문명에 포함되지 않는다. 잉카문명이나 마야문명은 산악지역을 토대로 화려한 문명을 이루었던 과거가 현대까지 영속되지 못하고 역사 속으로 사라졌다. 물론, 전염병으로 인해 한순간에 몰락했다는 이론도 있지만, 농작물을 재배하며 안정적인 식량을 공급받았던 강 주변 지역의 문명이 현대까지 이어지고 있는 것과 대비된다고 할 수 있다.

엉뚱한 이야기일 수 있으나, 몽골의 쇠퇴를 보면 문명 영속의 기초가 재배(栽培) 기반을 갖추고 정착(定着)하는 것임을 다시 확인할 수 있다. 몽골은 칭기즈칸 시대에 중국을 비롯한 아시아를 넘어 아라비아, 유럽까지 맹위를 떨치며 세계를 제패한 나라이다. 중국 북경의 자금성에는 지금도 칭기즈칸 시대의 흔적이 남아 있는데, 몽골문자로 적힌 현판을 많이 볼 수 있다. 몽골의 수도인 울란바토르에 가면 과거 몽골의 영화를 짐작하게 하는 대형 건물도 많이 보인다. 그런데 각 건물의 간판에는 중국 자금성에서 볼 수 있었던 몽골문자가 아니라 키릴문자(러시아 문자)가 표시되어 있다. 의아스럽게 여겨져 현지 가이드에게 물어보니, 현재는 몽골 내에서 과거의 몽골문자를 사용하지 않고, 키릴문자를 사용한다는 것이다. 비록 국력이 쇠퇴하였지만, 나라와 민족이 현존하고 있음에도 불구하고 그 민족이 사용하던 글자가 사라졌다는 사실은 매우 충격적이었다. 물론 여기에서 자세히 설명할 수 없는 다른 이유도 있겠지만, 몽골 문명은 문자(文字)가 사라지는 수준까지 쇠퇴하였다. 기마민족(騎馬民族)의 장점을 살려 세계를 제패할 수 있었던 유목민족의 문명이, 정착하지 못하고 떠돌아다니는 특성으로 인해 안정적으로 번성하지 못하고 한계를 드러낸 것이다.

이러한 모습을 감안할 때 정착(定着)이 문명 번성에 필수적인 요소임은 부정할 수 없으며, 안정적인 경작을 위해 물의 중요성을 강조하는 것은 당연하다고 여겨진다. 하지만, 농경문화로 시작된 인류 문명은 물만이 아니라 다른 중요한 요인이 있었음을 지적하고 싶다. 세계 4대 문명 발상지를 자세히 살펴보면, 강 상류에서 번성한 문명은 거의 없고, 강의 하구에서 삼각주를 이루고 있는 대평원을 중심으로 농경문화가 번성하면서 문명이 발달하였음을 알 수 있다. 왜 산악이나 강의 상류에서는 대형 문명이 발달하기 어려웠던 반면, 홍수 피해도 빈번하였을 강 하류를 중심으로 인류의 문명이 번성할 수 있었을까? 인류가 댐을 만들거나 제방 축조를 통해 하천의 범람을 막고자 시도한 기록이 중국 고대나 이집트 시대에도 나타난다. 왜 인류는 홍수와 같은 문제를 극복하면서라도 강가, 강 하류를 터전으로 삼아 살고자 노력한 것일까? 왜 굳이 그 장소를 고집하였을까?

현대에도 농민들은 재배작물을 쉽게 바꾸지 않고 전통적으로 재배하던 작물을 고집하는 성향이 있다. 이 경우 연작(連作; 연속재배) 피해가 생기는데, 병해충이 많아지거나 토지 비옥도에 문제가 생기기 때문이다. 식물은 생장(生長)과 생식(生殖)을 위해 필요한 양분을 토양에서 공급받는데, 매년 토양에서 그 양분을 가져가면 결국 그 양분의 결핍이 일어날 수밖에 없다. 특히, 다른 양분이 많이 남아 있어도 특정한 성분이 부족하게 되면 생장이나 생식을 완성하지 못한다. 사람이 밥을 잘 먹으면서도 미량으로 필요한 특정 비타민이 부족할 경우 건강에 이상이 생기는 것과 비슷한 현상이 나타난다. 현대 농업에서는 윤작(輪作; 돌려짓기)을 통해 작물의 종류를 바꾸는 방법으로 양분을 골고루 사용하거나 비료를 통해 필요한 양분을 제공하는 대안을 마련한다. 하지만 별도로 비료를 공급하지 않으면서 고집스럽게 매년 같은 작물을 계속해서 재배하면 토지 생산성이 떨어진다. 현대의 화전농업(shift cultivation)[9]에서도 나타나는 현상인데, 과거의 고집스런 농민들은 결국 작물이 자라지 않게 되면 그 토지를 버리고 다른 곳으로 이주를 해야만 했다. 이러한 현상은 목축(牧畜)에서 더 확연하게 나타나는데, 소, 염소, 양 등 가축이 초원에서 풀을 먹은 후 풀이 모두 사라지면 다른 장소로 이동하는 유목(遊牧) 방식을 취할 수밖에 없다.

양분이 떨어진 곳에서 계속 같은 농사를 지을 수 있는 유일한 방법은 필요한 양분을 외부에서 추가로 공급해 주는 방식이다. 외부에서 양분을 공급하는 방법은 앞서 언급한 것처럼 비료(肥料)를 주는 것인데, 현대의 화학비료가 우리 농법에 도입된 것은 20세기에 이르러서이다. 즉, 초기 인류는 비료의 개념을 알지 못하였기에, 연작피해가 나타나는 경

---

[9] 화전농법(火田農法; Shift cultivation) : 숲에서 나무를 태우고 그곳에 밭을 일구어 농사짓는 방법으로 일정 기간이 지나면 토양 속의 양분이 고갈되므로 이동하여 다른 곳에서 같은 방법으로 경작하는 방식이다.

우 어쩔 수 없이 거주지를 이동하며 작물을 재배할 수밖에 없었다. 열대 개발도상국에서는 이동식 경작법인 화전농업이 지금도 성행하고 있는데, 1970년대까지 우리나라에서도 이 농법이 많이 사용되었다. 화전농업은 비료를 사용할 형편이 되지 않는 농민이 일정 기간이 지나 지력이 떨어지면 자리를 옮기며 농사를 짓는 방식이다.

그런데 인류의 조상들이 신기한 현상을 발견한다. 삼각주나 강변의 토지에서는 같은 작물을 계속 경작하여도 앞서 설명한 연작피해(양분 부족 현상)가 나타나지 않는다는 것이다. 강 하류 지역은 주기적으로 홍수(洪水)로 고생할 수밖에 없는데, 홍수는 많은 양의 흙탕물이 들이닥쳐 대지를 덮고 주변을 지저분하게 만든다. 그런데, 이러한 현상이 일어나면 그 토지는 오히려 일정한 작물을 계속 재배할 수 있는 여건으로 바뀐다. 이 수수께끼의 비밀은 지저분함에 있다. 홍수 때는 깨끗한 물이 아니라 흙탕물이 몰려오는데, 흙탕물은 작물이 요구하는 비료 성분을 지닌 흙을 포함하고 있다. 홍수 피해가 없는 토지에는 같은 작물을 계속 재배할 경우 비료 성분이 해당 작물을 통해 빠져나가며 고갈된다. 반면, 강 하류에는 홍수 때마다 비료 성분을 지닌 흙이 그 토지를 덮으면서 객토[10] 효과를 부산물로 제공한다. 즉 홍수(洪水)는 많은 양의 물이 아니라, 많은 양의 흙을 담고 경작지를 방문하며, 그 효과는 안정적인 경작이 가능한 토지라는 의외의 혜택으로 나타나는 것이다. 그 당시에 이러한 과학적인 원리를 정확히 이해하고 하류 지역에 정착하였는지는 알 수 없지만, 아무튼, 자연의 이치를 깨달은 것만은 분명하다.

---

10) 객토(客土) : 농지에 새 흙을 넣어 토층의 성질을 개선하고 토지 생산성을 높이는 일

매년 우리나라에 몇 차례 찾아오는 태풍은 해안가의 주민들에게 걱정거리가 된다. 하지만, 태풍은 바닷속을 헤집어 놓아 바닷물 속에 산소와 영양성분을 뒤섞어 건강한 바다를 만드는 역할도 한다. 단기적으로 볼 때 피해를 준 것으로 보이지만, 거시적인 측면에서 보았을 때는 반전의 기회와 혜택으로 다가설 수 있는 것이 위기(危機)라는 것을 깨닫게 한다. 자연의 오묘한 이치를 깨닫기가 쉽지는 않은데, 인류의 조상들은 일찌감치 이러한 신기한 현상을 발견하여, 토양이 안정적으로 공급되는 강 하류에서 문명을 발달시킨 것이다.

제 2 장

시간을 담은 토양

다른 차원
토양 관상학(觀相學)
극복하기 어려운 운명?
제대로 보는 토양의 관상(觀相)

제 2 장

시간을 담은 토양

 암석이 풍화되면 흙이 되고, 먼지 같은 흙이 모이고 쌓이면 토양의 층을 이루게 된다. 지역에 따라 차이는 있겠지만, 특별한 간섭이 없으면 1cm의 토양층이 형성되는데 100년 정도 소요된다. 그런데, 토양은 단순히 풍화 과정을 통해서만 형성되는 것이 아니라, 여러 요인이 복합적으로 얽혀서 만들어진다. 토양이 무엇으로부터 시작하였는지도 중요하지만, 어떤 여건에서 만들어진 것인가에 따라 모습과 특성이 다르게 나타난다. 도로나 운동장과 같이 지상에서 토지로 유입되는 유기물(또는 양분)이 없는 곳은 토양에 변화가 거의 없다. 농지와 같이 작물이 자라면서 양분 이동이 있는 곳은 토양에 다소 변화가 있지만, 매년 작물을 수확(제거)하여 토양으로 유입되는 유기물이 거의 없으므로 토양 발달이 제대로 이루어지지 않는다. 반면, 숲의 토양은 나무와 풀이 생장하고 죽는 과정에서 생기는 낙엽이 토양 위에 쌓이고 썩으면서 지면 아래로 흘러 들어가며 토양의 발달과정에 많은 영향을 미친다.

 나는 원래 전공이 토양생태학이므로 토양과 토양미생물을 탐구하는 연구실에서 근무하였지만, 5년여 근무경력이 쌓인 후에는 자리를 옮겨 기획부서에 근무하게 되었다. 일반적으로 연구기관의 기획부서에는 행정인력만이 아니라 연구 전문가도 순환 근무를 하는데, 장기간 근무하는 것이 아니라 2~3년간 근무 후 본연의 업무부서로 복귀한다. 그러므로 어떤 연구를 하던 사람이 기획부서로 옮겨간다고 해도 그 자리에 관련 전공자를 바로 채워주지 않고 비워둔다. 전공자를 충원하면 담당자가 복귀할 때 오히려 문제가 생기므로 채워주지 않는 것인데, 내가 기획부서에 근무할 때도 마찬가지 상황이었다. 그런데, 근무경력 5~6년 차의 전문가는 해당 분야에서 실력을 제대로 발휘하며 많은 일을 할 수 있는 시기이다. 나도 기획부서로 자리를 옮기기 전에 연구실에서 벌여놓은 일이 많았는데, 그 자리를 비워두고 다른 사람을 충원해 주지 않으니, 남은 사람들이 그 일을 감당하느라 많은 어려움을 겪을 수밖에 없었다. 따라서 기획부서에 와 있음에도 불구하고 남아 있는 사람들을 위해 토양 연구를 도와야 했다. 하지만, 토양은 땅을 파서 보고 느끼며 연구해야 하는데, 기획부서의 성격상 현장에 나갈 수 있는 시간은 허락되지 않았다. 도울 방법으로 모색한 것은, 현장에 직접 나가지는 못하지만 현장 상황을 공유할 수 있도록 내가 사용하던 토양조사 매뉴얼을 기존의 연구부서에 제공하고, 조사 결과를 토대로 토양을 어떻게 해석할 수 있는지 조언하며 원격 지원을 했다.

농지 토양조사에 익숙한 사람들은 지표면을 깨끗이 정리하고 지표면 아래의 토양에 대하여만 자세히 살펴본다. 왜냐하면, 농지의 경우에는 매년 작물 재배가 끝나면 남은 식물을 모두 제거하므로 지표면 위에 낙엽층이 없기 때문이다. 그런데 숲은 농지토양과 달리 낙엽층의 중요성도 크므로, 내가 제공한 「숲 토양 조사지침」에는 흙 알갱이들이 모여 있는 토양만이 아니라 지표면 위에 있는 낙엽층에 대하여도 자세히 조사해야 한다고 적혀있다. 이러한 이유를 잘 알지 못하는 동료 직원들은 다소 의아스럽게 생각하였지만, 기획부서에 있으면서도 기존 부서의 연구를 도와주는 전문가의 의견이므로 이를 받아들여 성실하게 조사하여 자료를 제공해 주었다. 그러면 나는 현장에 직접 갈 수 없었지만, 조사해 온 자료를 토대로 대상 숲과 그 숲의 토양이 어떤 역사를 지니고 있는지 술술 풀어내곤 하였다.

물론, 조사기록장에는 지상부에 어떤 숲이 형성되어 있는지 간략하게나마 기록하게 되어있다. 산등성이나 산자락 등 어느 부분에 위치하는지, 숲이 동쪽 또는 서쪽 등 어느 방향을 향하고 있는지, 경사는 급한지 완만한지 등의 지형적인 요소도 기록한다. 하지만 언제 그 숲이 만들어졌으며, 어떤 일을 겪으며 현재의 모습을 갖추게 되었는지 기록하는 칸은 없다. 그런데 조사된 기록만 보면, 그 토양의 아래에 기반이 되는 암석은 어떤 종류이며, 숲이 과거에는 어떤 모습이었다가 현재는 어떤 상황이 전개되고 있는가를 추론할 수 있다. 이야기를 듣는 사람들은 내가 해당 숲에 언제 가보았는지, 혹은 관리기록을 본 적이 있는지를 묻곤 한다. 하지만, 그곳에 가본 적이 없는 나는 고개를 저으며 미소를 짓곤 하였다.

지표면에 형성된 낙엽층 종류별 두께, 그리고 주요 구성 물질과 부패 정도를 살펴보면 현재 어떤 종류의 숲(침엽수림 또는 활엽수림)이 있으며, 언제쯤 만들어지기 시작했는지 알 수 있다. 토양조사를 할 때는 일정한 깊이까지 구성된 흙 입자의 크기나 색, 밀도가 같은 층(層)인가를 확인하며 두께 등을 측정한다. 이들 층위(層位)[11]의 색과 두께를 포함한 구

---

11) 층위(層位: horizon) : 지층(地層)이 쌓인 순서를 말하며, 아랫부분부터 오래된 순서대로 층을 이루어 겹쳐져 있다.

조 등을 통해서 해당 토양의 모암(母巖)이 어떤 것이며 어떤 여건에서 발달해 왔는지를 추론할 수 있다. 참고자료로 제공되는 지형적 요소를 통해 추론의 정당성을 확인할 수 있고, 해당 숲을 관리한 기록이 존재한다면 그 추론이 옳은지 여부를 확증할 수 있다.

 이처럼, 토양의 위아래를 자세히 살펴보면, 시간을 품고 있는 토양이 말해주는 여러 가지 내용을 통해 해당 토지에서 현재 진행되는 일과 더불어 역사도 읽을 수 있다. 나무의 나이테를 통해서 그 나무가 살아온 여건이 어떠했는지 확인하는 학문을 목재연대기학(dendrochronology)이라고 한다. 마찬가지로, 토양 형태학(soil morphology)에서는 토양의 현재 형상을 분석하며 과거를 읽어낸다. 특히, 토양 생성론(soil pedology)에서는 형태학적 분석 결과를 토대로 아주 오래된 토양의 역사도 추론한다.

01 다른 차원

　대학생 시절, 숲이나 공원을 거닐면서 눈에 보이는 나무, 꽃, 새 이름을 모두 알 수 있으면 좋겠다는 생각이 들었다. 커리큘럼 중에 식물분류학과 수목학이라는 과목이 있었기에 수강하면 되겠다고 생각했고, 야생조류연구회라는 동아리에 가입하여 새 이름도 공부하며 뜻을 실현하기 위해 노력했다. 나중에는 버섯도 연구하게 되면서 버섯 이름까지 가르쳐 줄 수 있는 만물박사가 될 수 있겠다고 생각했다. 하지만, 솔직히 이야기하면, 시험을 보지 않고 공부했던 버섯과 새의 이름은 잘 구분하지 못한다. 더구나, 수업에서 공부한 꽃과 나무조차도 너무 다양하고 차이가 미묘한 경우가 많아 제대로 구분하지 못하는 실력이다.

　그래도, 수업을 들을 때는 목표가 있어서 나름 열심히 공부하였기에, 대학교 2학년 여름방학 때 혼자 배낭여행을 하며 전국을 돌아다닐 때 그 효과가 나타났다. 식물분류학 수업 덕분에 온갖 식물이 눈에 들어오고 어떤 종류인지 이름을 말할 수 있어서 너무 기뻤다. 수목학 수업을 들은 후에는 각 도시에 갈 때마다 가로수의 종류를 구분하는 것이 또 하나의 즐거움이었다. 또한, 새를 공부하는 동아리 활동에서는 나무줄기를 오르내리거나 하늘을 나는 새를 보면서 종류를 말하고, 새 소리를 듣기만 하고도 분류하는 실력을 쌓으며 자부심을 느끼게 해 주었다. "아는 만큼 보인다."라는 말처럼, 알게 되니 보이는 것이 많아졌고,

그 시절 숲이나 공원을 걷는 시간은 행복한 시간이 되었다.

그런데, 혼자 숲을 다니면서 대화할 상대가 없다 보니, 보이는 것에 집중하는 것이 아니라 여러 가지 생각을 하기 시작했다. 이 숲은 어떻게 만들어졌으며, 어떤 경로를 통해 현재의 모습에 이르게 되었을까? 한 자리에 서 있는 나무들은 긴 세월 동안 무엇을 위해 버티고 있는 것일까? 이런저런 생각을 하다 보니 하늘과 땅 위의 새와 나무가 아니라 이 모든 것을 받쳐주고 있는 땅을 보게 되었다. 많은 나무와 풀, 그리고 새를 품고 있는 넓은 숲의 아래에 펼쳐진 땅은 지상에 있는 생물보다 더 긴 세월을 살아왔을 것이라는 생각이 들었다. 문득 겸손한 마음이 밀려오며, 빤히 보이는 세상에서 살다가 차원이 다른 보이지 않는 세계로 들어간다는 생각이 들었다.

숲의 기반이 되는 땅은 언뜻 보면 면적만을 지닌 2차원적인 존재로 느껴지지만, 넓이와 깊이를 함께 지닌 3차원의 세계이다. 지각(地殼)의 암석층이 세파 속에 풍화를 겪으며 흙 알갱이로 변화하고, 점(點)이나 먼지 같이 느껴지는 흙 알갱이들이 모여서 덩어리(입단, 粒團)를 만들면, 식물이 뿌리박고 버틸 수 있는 공간을 제공할 수 있게 된다. 이러한 덩어리를 토양이라고 부르며, 토양은 지주(支柱)의 역할과 더불어 물과 각종 양분을 공급하며 식물이 잘 성장할 수 있도록 도와주는 토대가 된다. 토양 속의 공기와 물, 그리고 그들에 녹아있거나 그 공간에서 생활하고 있는 각종 생물과 무생물은 세월과 더불어 살아간다. 다양한 성격을 지닌 사람들이 어우러져 살아가는 인간 세상처럼, 토양 속에도 복잡한 사회가 구성되어 있다. 피상적인 시각에서는 토양이 정적인 세계로 보이지만, 자세히 살펴보면 끊임없는 생화학적 반응이 전개되고 있는 매우 활동적인 공간이다.

 전혀 다른 시각으로 사물이나 사건을 볼 때 차원이 다르다는 표현을 사용한다. 마찬가지로 토양을 제대로 알려면, 다른 시각, 다른 차원으로 접근하여야 한다. 흙·먼지와 같이 1차원적인 존재로 인식하는 것과, 주거지나 도로의 바탕을 제공하는 땅·토지와 같이 2차원적인 것으로 인식하는 것, 그리고 부피와 삶이 있는 소우주(小宇宙)로 인식하는 3차원적인 접근은 전혀 다르다. 숲의 토대가 되는 토양이 공간을 갖고 있다는 깨달음은 토양과 얽혀있는 숲과 세상을 새로운 시각, 다른 차원으로 볼 수 있게 한다.

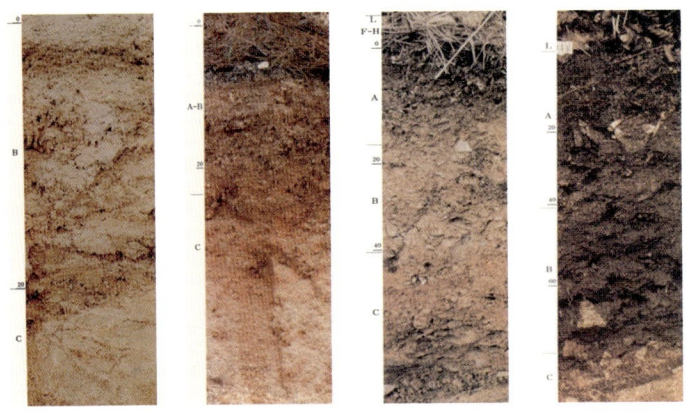

<그림 1> 다양한 토양 단면(출처:임업연구원, 1989. 산림토양단면도집)

 앞서 제1장의 「바탕」에서 언급한 것처럼, 토양을 이야기하려면 땅을 파서 3차원의 모습을 보아야만 한다. 땅을 지구 중심방향으로 파서 잘라놓은 면을 토양단면(土壤斷面; soil profile)이라고 한다. 〈그림 1〉에는 다양한 토양단면을 보여주고 있는데, 맨 왼쪽에 있는 토양은 가장 젊은 토

양으로 깊이별로 차이가 거의 없으나 오른쪽으로 갈수록 깊이별로 변화가 생김을 확인할 수 있다. 어린 아기의 얼굴은 온 얼굴이 다 곱지만, 삶의 여정을 겪으면서 얼굴에 주름이 생기고 삶의 흔적이 남는 것과 비슷한 이치이다. 지상에 자라는 식물이 뿌리를 뻗으면서 토양에 영향을 주고, 떨어진 낙엽이 썩어서 토양으로 들어가면 색이 변하고 구조가 변하게 된다.

이런저런 생각 속에 문득 찾게 된 토양이 관심의 대상이 되면서, 새로운 세계를 알게 하였다. 「콰이어트(Quiet)」를 쓴 수잔 케인(Susan Cain)이 말하는 '시끄러운 세상에서 조용히 세상을 움직이는 힘'이 토양을 통해 펼쳐지고 있음을 알게 되었고, 이 깨달음은 내가 재미없는 토양학을 전공하게 만든 계기가 되었다.

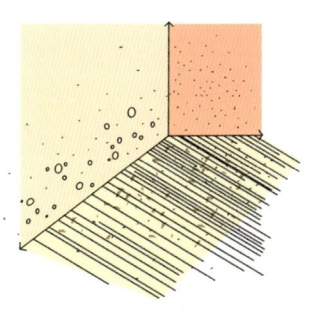

02 토양 관상학(觀相學)

　미국의 제16대 대통령 링컨은 국무위원을 위촉할 때 "나이 40세가 되었으면 자신의 얼굴에 책임을 져야 한다."며 국무위원 후보자의 얼굴이 마음에 들지 않으면 추가적인 면접조차 하지 않고 배제하였다는 이야기로 유명하다. 즉, 동양의 관상학(觀相學)이 19세기 미국 정계에서 적용되었다는 것이다. 온유한 삶을 살아온 사람들의 얼굴은 평온한 모습을 갖고 있지만, 험악한 경험을 많이 한 사람의 얼굴에는 그 상흔이 남아 있을 수 있다는 생각을 링컨 대통령이 한 모양이다.

　관상(觀相)이나 수상(手相)을 보는 것이 과학적인가 여부를 떠나 이러한 접근방식은 우리의 사고방식 속에 이미 녹아있다. 사람의 얼굴을 보면서 피부가 검붉은 빛을 띠면 술을 많이 마셔서 간(肝)이 좋지 못한 것으로 짐작하곤 한다. 또한, 얼굴 피부에 종기나 흠집이 많이 보이면 식습관이나 수면 패턴이 일정하지 않거나 신장이 좋지 않은 것으로 평가하기도 한다. 실외에서 육체노동을 하며 살아온 사람의 손은 거칠 확률이 높으며 실내 환경에서 사무업무를 주로 담당하던 사람의 손은 상대적으로 고운 피부를 지니는 것처럼, 살아온 여정이 얼굴과 손에 표현될 수 있다. 관상학에서는 통계적인 근거를 토대로 얼굴 내 각 기관의 위치와 모양, 그리고 손금의 선명도와 길이 등을 통해서 사람의 운명을 해석한다. 그런데 통계적인 자료가 근거가 된다는 것을 재해석해 보면, 과거의 행동 양식이 얼굴 모습으로 나타나고 삶의 여정이 손에 나타나며, 이는 미래에도 계속될 수 있다는 가정이 관상학의 기초라고 할 수 있다.

내가 명명하는 '토양 관상학'은 더욱 과학적인 근거를 제공하고 있다. 관상학적 접근을 통하여 토양 어디에서 출발하였는지 기원을 파악하고, 현재 상황은 어떠하며, 미래는 어떻게 전개될 확률이 높은가를 추론할 수 있다. 물론, 과거에 그러한 삶을 살아왔기에 미래에 정해진 삶을 살아가게 될 것이라는 단정적인 판단은 오류를 범할 수도 있다. 하지만, 과거의 삶을 통해 미래를 진단하는 방식은 나름대로 수용 가능한 근거를 지녔다고 할 수 있다.

우리가 역사를 공부하는 이유는 어떤 경로를 통하여 현재에 이르렀는지 이해하기 위한 면도 있다. 하지만, 궁극적으로는 미래에 어떻게 살아가야 하는지 삶의 지침을 얻기 위한 것이라고 할 수 있다. 우리 조상들은 전통적으로 결혼 전에 상대자의 집안 내력이나 성장 배경을 확인하려고 하였다. 현대의 젊은이들에게는 못마땅하게 여겨질 수 있으나, 자녀의 미래를 걱정하는 부모는 사위 또는 며느리가 될 사람의 과거가 내 자녀의 미래에 영향을 준다고 생각하므로 이런 절차를 거치고자 하는 것이다.

마찬가지로 토양을 토대로 펼쳐지는 육상생태계를 검토한다면, 바탕을 이루는 토양의 역사를 이해하고 이를 기초로 미래의 모습을 예측해 보는 것이 바람직하다. 즉, 토양의 얼굴을 잘 살펴보면 과거의 기록과 미래를 추론할 수 있는 근거를 찾을 수 있는데, 토양단면(土壤斷面)에는 많은 이야기가 담겨 있다. 오랜 역사를 지닌 숲의 토양단면은 깊이에 따라 색상이나 흙 알갱이의 고운 정도에서 확연한 차이가 나타난다.

긴 역사를 지닌 곳의 토양은 땅 위 지표면에 여러 종류의 옷을 입고 있으며, 지하에는 다양한 색과 구조, 재미있는 이야기를 품은 채 오묘한 자태를 취하고 있다.

토양의 얼굴에서 가장 간단하면서도 많은 자료를 전달해 주는 것은 사람 얼굴의 피부색과 비슷하게 토양의 색이다. 조명(照明)이나 피부의 촉촉함 등으로 인해 얼굴색이 다르게 인식될 수 있듯이 햇빛에 노출된 경우와 그렇지 않은 경우의 토양 색이 다르고, 습기가 있는 경우와 없는 경우에도 달라질 수 있다. 이에 따라 일정한 조건에서 파악하게 되는데, 응달에서 약간의 습기를 머금은 상황에서 관찰한다. 또한, 주관적인 표현을 배제하기 위하여 색상, 명도 및 채도를 '7.5YR 5/3'과 같이 기호 및 수치로 표시하는데, 토색첩(土色帖)[12]에 토양 시료를 직접 대어보며 가장 비슷한 색을 찾는다. 앞의 수치와 알파벳은 색의 종류를 나타내는 색상(色相; hue)을 나타내는데, 적색(Red), 황색(Yellow), 녹색(Green), 청색(Blue) 및 자주색(Purple)과의 관련정도를 말한다. 뒤의 숫자 중 앞 글씨는 밝기를 나타내는 명도(明度; value)이며, 맨 뒤의 숫자는 색의 진한 정도를 표현하는 채도(彩度; chroma)를 표시한다(그림 2 참조).

색상은 토양 내부에서 일어나는 여러 가지 반응의 흔적이며, 토양의 물리성과 화학성, 나아가서는 토양의 풍화 정도나 생성과정을 관찰할 수 있는 중요한 실마리가 된다. 색상은 토양 광물의 종류나 유기물 함량에 의해 결정된다. 우리나라와 같은 온대지역의 토양은 대체로 적색과 황색 계통이 많으므로 우리나라에서 사용하는 토색첩에는 이 부분만

---

12) 토색첩(土色帖) : 토양의 색상과 명도 및 채도를 수치적으로 분류, 정리해 놓은 수첩 모양의 책

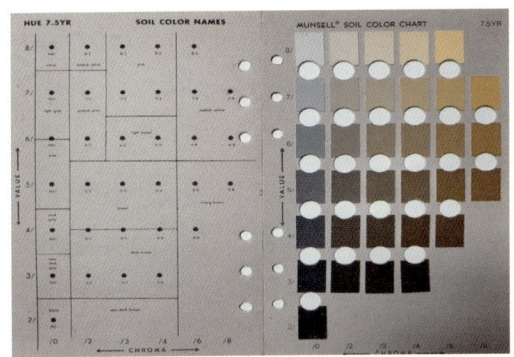

<그림 2> 토색첩(soil color chart)의 한 페이지 예시

포함되어 있다. 하지만, 열대나 한대지역에서는 녹색이나, 청색 또는 자주색을 띠는 토양도 있다. 석영, 장석류와 같은 산성암(화강암)을 모암(母巖)으로 하는 토양은 밝은색을 띠고, 중성암(안산암)을 모암으로 하는 토양은 어두운색, 염기성암(현무암)을 모암으로 하는 토양은 적색 계통으로 나타난다. 적색이 많이 보이는 것은 주로 철 산화물의 영향이다. 물 빠짐이나 공기 흐름이 좋은 곳은 적색, 배수가 불량한 곳은 황색, 회색 또는 녹색을 띠면서 반문(斑紋; mottling)이라 불리는 반점 형태의 무늬가 만들어지기도 한다. 이러한 색상은 결국 토양의 알베도[13]를 결정하게 되는데, 알베도는 토양온도에 큰 영향을 미치게 된다. 흑갈색의 겉 토양은 옅은 색의 토양보다 쉽게 열을 흡수하지만, 유기물 함량이 대체로 높고 수분함량도 높아서 비열(比熱)이 높다. 이에 따라 대체로 배수가 양호한 옅은 색의 토양이 흑갈색 토양보다 오히려 토양온도가 더 높게 나타난다.

---

13) 알베도(albedo) : 일정한 표면에 들어온 빛이 반사되어 나가는 정도

토양의 밝기는 토양 내 유기물의 함량을 판단할 수 있는 지표이다. 토양 유기물은 토양 양분과 밀접한 관련성이 있으므로 미래를 진단하는 중요한 지표이다. 하지만, 습기가 많은 지역은 부식에 의한 착색이 건조지에 비해 강하지 않으므로 명확한 기준이 되기 어렵다. 또한, 유기물의 분해가 진행됨에 따라 색상의 강도인 채도가 강해지는데, 분해가 조금 진행되면 갈색을 띠고, 분해가 많이 진행되면 흑색에 가까워진다. 즉, 채도는 유기물 분해 정도의 추론 지표이다. 충분히 분해된 유기물은 식물에게 영양분으로 사용될 수 있지만, 충분히 분해되지 않은 유기물을 식물에게 공급하면 분해 과정에서 열이 발생하면서 식물 뿌리가 타 죽는 부작용을 유발하기도 한다.

아울러, 얼굴 피부의 부드러운 정도처럼 토양단면의 고운 정도가 토양의 관상을 좌우하는 중요한 지표이다. 토양입자의 고운 정도를 토성(土性; soil texture)이라고 하며 흙 알갱이의 크기별 분포를 말한다. 생태학자들은 2mm 이하 크기의 입자만을 토양으로 취급하고 그보다 큰 입자는 돌로 취급한다. 크기 기준은 농학자들이 토양 내에 양분의 함량이 2mm 이하의 입자를 대상으로 분석할 때 일정한 패턴을 보이는 것을 경험적으로 깨달아 정한 기준이다. 따라서 2mm 이하 크기의 입자만 토양으로 분류하여 이들의 굵기 분포를 검토한다. 국제토양학회의 기준에 따르면, 0.02~2mm의 크기를 지닌 것은 모래, 0.002~0.02mm의 크기는 미사(微砂; silt), 0.002mm보다 적은 크기의 입자는 점토(粘土; clay)로 구분한다. 모래와 미사, 점토 입자의 조성 비율을 기준으로 사토, 사질양토, 미사질양토, 양토, 식양토, 식토 등으로 구분한다(그림 3 참조). 사토는 모래가 대부분을 차지하는 흙을 말하며, 양토는 미사 크기의 입자가 가장 많은 흙을, 그리고 식토는 점토 입자가 많은 흙을 말한다.

  정확한 크기를 구분하기 위해서는 흙을 실험실로 가지고 와서 크기별로 구분하고, 각 크기에 해당하는 흙의 비율을 확인해야 한다. 각 크기별로 체를 쳐서 체를 통과한 입자별로 비율을 계산하거나, 흙탕물을 만

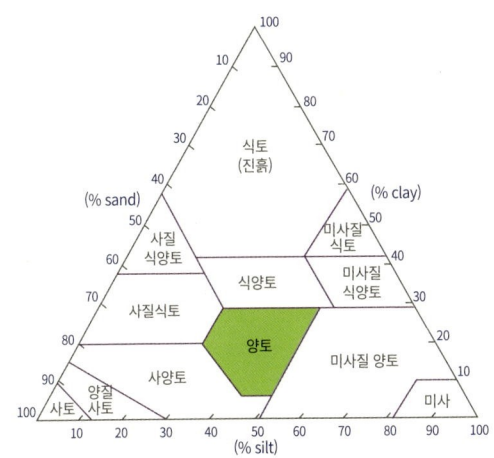

<그림 3> 토양입자별 분포 비율에 따라 토성을 구분하는 삼각형

든 후 섞어 놓고 시간이 지남에 따라 가라앉는 양을 각 입자의 비중을 이용하여 계산하는 방식 등을 이용한다. 즉, 기구를 이용하여 토양 입자별 비율을 계산할 수 있는데, 이에 대한 자세한 설명은 생략한다. 왜냐하면, 토양을 실험실로 가져가지 않고, 손으로 만져보면서 토성을 평가하는 방법이 있는데 이는 <표 1>에 나타낸 바와 같다. 물기를 약간 머금은 상태에서 흙으로 덩어리를 만들거나, 엄지와 검지 사이에 두고 꽉 쥐어 리본 모양을 만들어 보면, 흙 알갱이의 조성 비율에 따라 다른 반응

이 나타나는데 이를 토대로 토성을 추정할 수 있다.

  토양입자가 작을수록 단위 부피당 표면적이 커지므로 토양수분이나 양분을 포함하고 있을 확률이 높아진다. 따라서 크기가 작은 입자를 많이 지닌 고운 토양은 수분과 양분이 많으므로 대체로 토지 생산성이 높다. 하지만, 고운 입자만 너무 많으면 토양에 공극이 없어서 물과 공기의 흐름이 어렵고 뿌리도 제대로 자랄 수 없는 단점이 있다. 인간 삶에서도 중용(中庸)이 중요하듯이 크고 작은 입자가 적절히 섞여 있는 토양이 좋은 토양이다. 이러한 흙을 양토(壤土)라고 부르며, 토지 생산성이 가장 양호한 토양으로 간주한다. 하지만, 토성은 토양의 뼈대를 구성하는 역할을 하므로 토지 생산성에 직접적인 영향을 주기보다는 간접적인 영향을 많이 준다.

<표 1> 손 감각에 의한 토성 파악방법

토성	손에 느껴지는 감각 및 간이 실험법
사토, 양질사토	각각의 흙 알갱이가 쉽게 보이고 느껴지며, 습기가 약간 있는 경우 꽉 쥐면 덩어리를 이루지만 살짝 건드리면 깨진다.
사질양토	습기가 있을 때 꽉 쥐면 조심스럽게 다룰 수 있는 덩어리를 만든다.
양토	습기가 있을 때 약간 끈적거리지만 아주 부드러우며, 습기를 포함한 상태에서 꽉 쥐면 잘 부서지지 않는 덩어리를 만든다.
미사질 양토	건조한 경우 부드러운 분말 상태가 되며, 약간 건조해도 덩어리를 만들 수 있다. 엄지와 검지 사이에 두고 꽉 쥐면 리본을 만들지 못한다.
식양토	얇은 리본을 만들 수 있지만 자체 무게로 인해 망가지기 쉽다. 습기가 있으면 많이 끈적거리고, 덩어리를 만들어 살짝 던져도 덩어리가 유지된다.
식토	습윤한 경우 끈적거림이 매우 심하고, 아주 견고한 리본을 만들 수 있다.

토양은 알갱이 흙이 아니라 토양입자가 모여 있는 입단(粒團)이라고 했는데, 입단의 뭉친 정도를 구조(構造)라고 한다. 토양 구조는 토양의 성숙도를 추론할 수 있는 좋은 정보이다. 단립(單粒)은 모래처럼 전혀 구조를 보이지 않는 것을 말하며, 토양 발달이 거의 없었음을 보여 준다. 벽상(壁狀)은 점토입자로 이루어진 미세한 입단이 균일하게 집합하여 토층을 형성한 것을 말하는데, 다른 생물학적 활동보다는 물리적인 압력에 의한 구조화가 진행된 모습이다. 입상(粒狀)은 둥근 형태의 토양입단 형성 상태를 말하고, 괴상(塊狀)은 수직·수평 방향의 발달이 비슷한 다각체 또는 공 모양의 구조를 말한다. 이들은 식물이나 미생물에 의해 분비된 물질의 영향을 받아 형성된 구조로, 매우 발달된 구조라고 할 수 있다. 판상(板狀)은 수평 방향으로 발달·배열되는 구조로서 단단한 판이 형성되는 부위의 윗부분이며 식물 뿌리가 발달하기 어렵다. 반면, 주상(柱狀)은 수직축의 발달이 수평 방향보다 좋은 기둥 모양의 구조로 식물 생육에 좋은 구조라고 할 수 있다.

정리하면, 혈색이나 피부, 몸매를 보고 사람의 건강 상태를 포함한 많은 것을 알 수 있는 것처럼, 토색과 토성, 구조를 보면 토양의 많은 비밀을 읽어낼 수 있다. 그런데 혈색은 컨디션에 따라 달라지고, 화장(化粧)에 따라서 피부의 곱기도 다르게 판단될 수 있다. 마찬가지로, 토양의 주변 여건에 따라 진정한 모습이 숨겨지거나 과장될 수 있으므로 유의하여 파악해야 한다.

03
극복하기 어려운 운명?

인간의 삶은 태어날 때 부여된 여러 환경으로 인하여 출발점이 달라진다. 소위 금수저와 흙수저로 표현되는 배경에 따라 삶의 여정이 달라질 수밖에 없는데, 토양도 마찬가지이다. 또한, 같은 부모 아래에서 태어난 자녀의 인생이 다르듯이, 기원이 같고 비슷한 여건에서 발달하는 토양이라 할지라도, 토양 내에서 어떤 활동이 있었는가에 따라 토양의 발달하는 방식에 차이가 생긴다.

$$토양(Soil) = f(P, C, R, B, T) \text{ ------------- [식 1]}$$

20세기 중반, 토양 생성론(soil pedology)을 연구하던 학자들은 토양의 현재 모습은 다섯 가지 주요 인자에 의하여 정해진다고 결론지으며 [식 1]의 함수식으로 표현하였다. 다섯 가지 인자 중 첫 번째 요인 P는 모재(母材; parent material)라고 번역할 수 있는데, 토양의 기반이 되는 바위나 광물(鑛物)의 조성을 가리킨다. 화산활동을 통해 형성된 바위가 풍화되며 만들어진 토양과 바람이나 물을 통해 현재의 장소로 이동해 와서 쌓이며 형성된 토양은 본질적인 성격이 다르다. 이에 따라 이후의 발전하는 모습도 큰 차이가 생기는데, 화산활동 생성물에서 시작된 토양과 퇴적암에서 시작된 토양은 전혀 다른 양상으로 발전한다.

용암이 지표면에 노출된 후 급격히 식은 화산암(火山巖)과 지하에서 천천히 식으며 형성된 심성암(深成巖)도 풍화의 속도에서 큰 차이를 나타낸다. 2차 화산활동이나 압력을 통해 변형을 겪은 변성암(變成巖)에서 시작된 토양은 풍화가 상대적으로 빨라 토양이 쉽게 만들어진다. 또한, 같은 화성암 중에서도 어떤 광물인가에 따라 함유된 원소가 다르므로, 식물의 생장에 미치는 영향이 달라질 수 있다. 즉, 모암(母巖; parent rock)을 확인하게 되면 해당 토양이 생태학적인 측면에서 어느 정도의 잠재력을 지녔는지 추론할 수 있다. 태생적인 차이로 인하여 토양의 발달 속도나 식물에게 이용될 수 있는 정도에 차이가 생기는데, 어느 집안, 어떤 조상을 통해 이 땅에 태어났는가에 따라 인생의 항로에 큰 방향성이 정해지는 것과 비슷한 이치이다. 과거 선비 집안에서 선비가 난다는 말처럼, 최근에는 교사 집안에서 교사가 많이 생기고, 법조인 집안에서 법조인이 많아지며, 의료인 집안에서 의료인, 예술가 집안에서 예술가가 많이 배출되는 사례를 생각할 수 있다.

두 번째 요인 C는 기후적 요인(climate)으로 토양이 위치한 곳의 기후대라고 할 수 있으며, 온도나 강수 특성을 말한다. 열대지방에서 토양이 만들어진 경우와 한대지방에서 만들어진 경우는 당연히 다른 모습을 나타낼 것이다. 더운 곳에서는 온도가 높고 비가 많아서 유기물이 빨리 분해되는 반면, 추운 지방에서는 낮은 온도로 인하여 각종 변화가 매우 느리게 나타나기 때문이다. 태생적인 배경이 비슷하면 살아가는 환경(경제적인 여건 등)도 대체로 비슷한 것이 일반적인 모습이다. 열대지방의 토양은 높은 온도로 인하여 토양의 풍화가 매우 빠른 편이며, 이에 따라서 토양 내에 양분도 많지 않다. 특히, 빠른 성장을 하는 식물에 의하여 토양 내의 양분이 급속히 소모되므로, 토양에 유기물이 형성될 수 있는 여유가 거의 없다. 반면 우리나라와 같은 온대지방에서는 계절의 변화와 더불어 환경변화가 토양의 깊숙한 부분까지 영향을 미치므로, 토양이 많이 발달하고 깊은 곳까지 토양 양분이 증가하는 경향을 나타낸다.

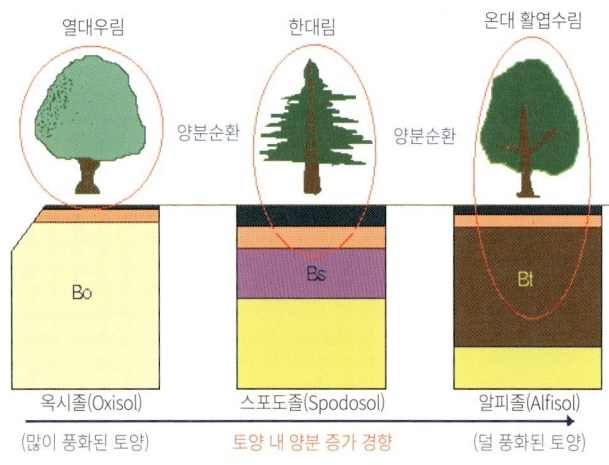

<그림 4> 열대, 한대, 온대지방 토양의 발달 모습

〈그림 4〉에서 보여주는 것처럼, 모암과 더불어 기후적인 요소도 선천적으로 주어진다고 할 수 있으므로, 토양이 어느 지역에서 어떤 모암으로부터 형성되었느냐에 따라 토양의 발달 모습은 대체로 비슷하게 나타난다. 하지만, 예외도 있는데, 미국에서 유일하게 커피(코나커피)를 생산하는 하와이주의 하와이섬 사례는 전형적인 경우이다. 하와이 제도 중 가장 젊은 섬이라 할 수 있는 하와이섬은 크기가 가장 커서 빅아일랜드로 불리는데, 섬 중앙의 마우나로아산과 킬라우에아산에서 아직도 화산활동이 조금씩 이루어지며 해마다 우리나라 독도 크기의 면적

이 확장되고 있다. 섬의 서쪽은 건조한 기후와 강한 햇빛으로 인하여 육상생태계는 전혀 천이(遷移)가 진행되지 않은 모습을 나타내고 있다. 반면, 나머지 반쪽인 동쪽은 풍부한 강수량으로 인해 열대우림의 모습을 보이며 농작물 재배도 활발히 이루어지고 있다. 같은 조건으로 시작하여도 이후의 기후환경이 극명한 차이를 유발할 수 있음을 알려주는데, 기본적인 광물 조성과 지역적 여건은 같지만, 기상이나 기후 여건에 따라서도 전혀 다른 모습으로 토양생태계가 형성될 수 있다.

세 번째 요인 R은 지형적 요인(relief, topography)으로 그 토양이 산 정상 부위인지, 중턱인지, 혹은 산자락인지 등을 표시하는 경사면의 위치와 관계가 깊다. 강 상류 지역은 주로 침식이 일어나는 반면 하류 지역에서는 퇴적이 되듯이, 산 정상부와 산록부의 토양도 다른 모습을 나타내는 것은 당연한 일이다. 우리나라 숲 토양의 대부분은 토양 종류 구분방식에서 갈색산림토양으로 분류된다. 이들은 토양 습도에 따라 '갈색건조산림토양', '갈색약건산림토양', '갈색적윤산림토양', '갈색약습산림토양' 등 4종류로 세분되며, 토지 생산성이 제법 큰 차이를 나타낸다. 그런데, 실제로 현장에 토양조사를 하러 가서 산자락의 토양이 '갈색적윤산림토양'으로 구분되면 산 중턱은 '갈색약건산림토양', 산 정상부는 '갈색건조산림토양'이라고 분류하면 거의 틀림이 없다. 우리나라 산림토양의 구분 방식이 너무도 단순하여 다소 문제가 있지만, 지형적인 요인에 따라 토지 생산성의 차이가 생기는 것은 명백한 사실이다.

앞의 세 가지 요인이 물리적으로 주어진 요인이라면 네 번째로 설명되는 B는 생물학적 요인(biota)으로 식물, 동물, 미생물의 영향력을 말한다. 각 토양에 식물이 자랐는가에 따라 토양 속에 있는 식물 뿌리로 인한 각종 변화가 발생한다. 또한, 동물들이 지나다니면서 각종 영향을 미친 곳과 그렇지 않은 곳도 큰 차이가 나타난다. 아울러, 토양 내에 존재하는 절지동물류와 각종 미생물의 영향도 큰데 이 부분은 나중에 더 자세히 살펴본다. 즉, 생물의 활동에 따라 토양 발달에 큰 차이가 생긴다는 의미인데, 이러한 활동성의 기간을 포함하는 T는 시간(time)으로 화산폭발이나 퇴적물의 침식 등 토양으로 변화되면서 소요된 시간, 즉 토양의 나이를 말한다. 초기 운명은 주어진 것이라면, 이후 시간이 지나면서 어떤 활동이 있었는가에 따라서 현재의 모습이 달라질 수 있음을 설명한다.

그런데 20세기 말, 미국에서 토양학 강의를 듣던 나는 이러한 내용으로 강의하시는 교수님에게 질문을 던졌다. "나는 각종 개발이 활발하게 이루어지고 있는 대한민국에서 왔다. 우리나라에는 위에서 설명한 다섯 가지 요인보다 더 큰 영향을 주는 요인이 있다고 생각한다. 바로 인위적 간섭인데, 토지 생산성이 떨어지면 객토라는 작업을 통해 새로운 흙을 덮거나 뒤섞는 일을 하며, 토목 활동을 통해 토양이 새로운 모습을 띠게 되는 경우가 종종 벌어진다. 이 경우에는 토양단면이 엉뚱한 모습을 나타내게 될 것이므로 토양의 형성요인을 설명하는 함수식은 아래의 [식 2]와 같이 α라는 절편에 있어야 한다고 생각한다. 이때 α는 인간의 간섭(artificial disturbance)이다."

사실, 이 수업은 학부 학생들을 위한 강의였는데, 나는 박사학위를 받기 위하여 유학하는 상황에서 수강하는 중이었다. 우리나라에서 토양형성론 관련 수업을 수강하지 않았던 탓에 학부 과목을 의무적으로 수강해야 해서 성적과 상관없이 듣던 과목이었다. 즉, 학생으로서 이론적인 이의 제기를 위한 질문이 아니라 그냥 영어 연습 차원에서 굳이 호기를 부리며 질문을 했다. 그런데, 담당 교수님은 매우 좋은 의견이라고 칭찬하며 교재 개편 시 반영하겠다고 말씀하셨다. '농담 반, 진담 반'으로 여겨진 그 말씀은 사용하던 교재의 증보판이 다음 해에 나오면서 실제로 반영이 되었다. 우리가 사용하던 교재는 8판이었는데, 9판이 발간된 다음 해에는 [식 1]이 [식 2]로 바뀌면서 α를 다소 현학적인 용어인 인위적 간섭(anthropogenic disturbance)으로 설명하였다. 와우 ~!

$$토양(Soil) = f(P, C, R, B, T) + α \text{ ---------- [식 2]}$$

그런데 귀국 후 시간강사로 대학 강의를 준비하다가 이 이론에 오류가 있음을 다시 발견하였다. 인위적인 간섭만이 아니라 산사태 등 자연 유래 격변 활동도 토양의 형성 및 발달에 영향을 주는데, 굳이 인위적 간섭으로 한정하는 것이 잘못되었다는 깨달음이었다. 그래서 강의를 할 때는 [식 3]으로 재수정하여 설명하였고, 다시 미국으로 해당 교수님께 연락을 드렸다. 절편을 d로 바꾸어 표시하며 인위적인 것과 천재지변적 교란작용을 포함하는 각종 간섭으로 수정이 필요함을 설명했다. 결국, 최근에 발간되는 책자에는 α 또는 d로 표시하면서 각종 간섭(disturbances)으로 설명을 하고 있다.

$$토양(Soil) = f(P, C, R, B, T) + d \text{ ---------- [식 3]}$$

토양의 현재 모습은 태생적인 운명에 의하여 결정되는 바가 큰 것이 사실이다. 하지만, 이후 시간이 지나면서 어떤 활동이 있었는가에 따라 달라지며, 특히 주변의 여러 가지 간섭으로 현격한 변화가 생길 수 있다. 인간의 삶에서 소위 귀인을 만나면 인생 역전이 일어나기도 하고, 평탄한 여건에서 갑자기 사고를 당하면 삶이 극복할 수 없을 정도의 나락에 떨어지기도 한다. 금수저가 영원히 금수저가 아니고, 흙수저가 늘 흙수저로 남아 있어야만 하는 것이 아니라는 것을 알려준다.

금수저와 흙수저 논란을 벌이며 주어진 운명을 한탄하는 젊은이들에게 토양 형성론의 가르침을 전하고 싶다. 처음에 주어진 운명(P, C, R)이나 삶에서 돌발적으로 만나게 되는 각종 간섭(d)이 인생의 성패에 큰 영향을 끼치는 것처럼 생각할 수 있다. 하지만, T와 B처럼 시간의 흐름 속에 주변이나 스스로의 활동에 의하여 긍정적인 변화가 만들어질 수 있음도 알아야 한다. 태생적 운명이 삶의 많은 부분을 한정하는 것은 사실이지만, 운명을 극복하려는 젊은이의 의지로 희망의 시간을 만들어 갈 때 내 삶에 영향을 미치는 귀인(貴人)이 나타나 새로운 길을 걷게 도와줄 것이다.

04
제대로 보는 토양의 관상(觀相)

앞서 토양이 어떤 부모(모재; 母材)로부터 시작하였으며, 어떤 여건에서 성장했는가에 따라 현재의 얼굴 모습이 정해진다고 설명했다. 이는 총론적인 입장에서 동의할 수 있는 말이지만, 정말 어떤 모습으로 바뀌게 되는지에 대하여는 관상학적인 이론처럼 자세히 살펴볼 수 있는 기준이 있어야 한다. 즉, 사람의 관상을 제대로 보려면 관상학을 공부할 필요가 있듯이, 토양의 관상을 제대로 보려면 토양단면을 읽는 방법을 공부할 필요가 있다. 학자들에 따라 접근방식이나 표현 방식에 다소 차이가 있지만, 나는 〈그림 5〉의 방식으로 층위(層位)를 구분한다. 지표면의 유기물층도 세 종류로 구분되며, 지표 아래는 겉흙(표토; 表土)과 속흙(심토; 深土)으로 부르기보다는 A·B·C 등의 층위로 구분하고, 그 아래에 기반암이 있는 층으로 구분한다.

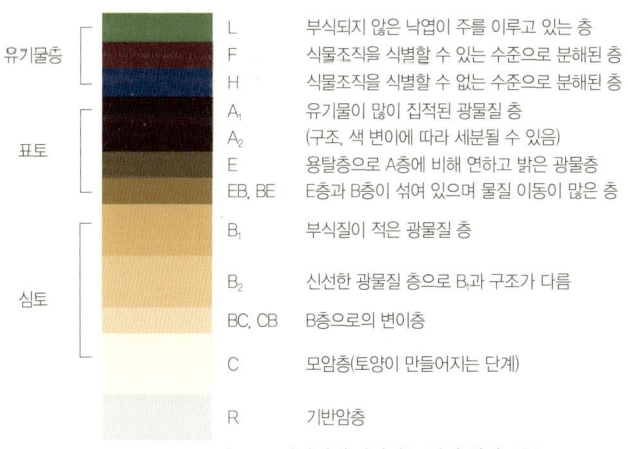

<그림 5> 토양단면에 나타나는 각 층위의 구분

토양단면을 본다고 하면 흙 위에 있는 것은 일단 깨끗이 정리하고 흙만을 살펴보려고 할 수 있다. 하지만, 사람을 볼 때도 얼굴을 보기 전에 먼저 옷맵시와 자태를 살펴보는 것처럼, 토양이 어떤 옷을 입고 있는가를 먼저 살펴야 한다. 토양이 입고 있는 옷이 지표면을 덮고 있는 유기물층이며, 옷맵시가 현시점 삶의 형편을 짐작할 수 있게 하듯이, 유기물층에는 최근 수십 년 이내의 기간에 토양 위에서 벌어지고 있는 현상을 짐작할 수 있는 근거 자료가 펼쳐져 있다.

유기물층을 자세히 살펴보면, 부패가 거의 진행되지 않은 상태의 신선한 낙엽층(L; litter)이 맨 윗부분에 존재하는데, 식물분류 전문가라면 어떤 나무인지 알 수 있는 수준의 낙엽을 지닌 층이라고 할 수 있다. 이들의 두께에 따라 현재 지상에 존재하는 나무의 양이나 나이를 추론할 수 있다. 일반적으로 우리나라와 같은 온대지역의 활엽수 잎은 분해가 시작되는데 1년 미만이 소요되므로 이 층은 지난해 가을에 떨어진 낙엽을 소개(紹介)하는 층이다. 열대지방의 경우에는 분해가 매우 빨리 진행되어 2~3개월 만에 이 층이 사라질 수도 있지만, 수시로 낙엽이 유입되기도 하므로 신선한 낙엽층이 얇게 형성되어 있다. 반면 추운 지역에서는 낙엽 분해가 쉽게 시작되지 않고, 특히 송진 성분을 다량 함유한 침엽수 잎은 분해가 매우 더디게 진행되므로 한대지역이나 침엽수림의 토양 위에는 신선한 낙엽층이 상대적으로 두껍게 존재한다. 즉, 지표면의 맨 윗부분을 장식하고 있는 낙엽층만 자세히 살펴보아도 해당 토양이 어떤 기후에서 어떤 식물을 벗 삼아 살고 있는지 짐작할 수 있다.

신선한 낙엽층 아래에는 분해가 시작되었지만, 잎자루나 잎맥 등이 남아 있어서 활엽수 종류인지 침엽수 종류인지 정도는 식별할 수 있는 층(層)이 자리 잡고 있다. 발효층(F; fermentation)이라고 표현된 이 부분은 미생물에 의한 유기물 분해가 일어나고 있는 곳이다. 부패(腐敗; decomposition)가 일어나고 있는 층이라고 표현할 수도 있겠지만, 토양생태계에 유용한 물질이 만들어지는 층이라는 의미로 부패층이라는 표현보다는 발효층이라는 표현을 사용한 것으로 생각된다. 발효층의 두께는 지상부의 숲이 어느 정도 성숙했는지를 보충해주는 정보를 제공한다. 온대지역 활엽수의 경우에는 10개월 내외 기간에 분해가 진행되는 반면 침엽수는 2~3년의 기간이 소요되는데 이들의 섞여 있는 정도를 통해 해당 숲이 혼효림(混淆林)인지, 침엽수 또는 활엽수 단순림(單純林)인지 등을 알 수 있다.

분해가 진행되는 층 아래에는 추가적인 분해가 거의 진전되지 않는 물질들이 모여있는 부식층(H; humus)이 형성된다. 콜로이드(colloid)라고 불리는 1nm~1㎛ 크기의 물에 잘 녹지 않는 물질이 섞여 있는데, 낙엽이 썩기는 했으나 이산화탄소(CO_2)가 되어 공기 중으로 날아갈 수 있는 수준으로 완전하게 분해되지 않고 분해가 어려운 물질이 남아서 여러 이온과 섞여 있는 상태이다. 이 층은 대체로 매우 얇게 형성되어 있는데, 침엽수림의 경우에는 소수성(疏水性; 물과 잘 화합하지 못하는 성질)이 강한 흰 분말(粉末) 형태로 존재하기도 한다. 부식층의 두께는 숲의 장구한 역사를 암시하는데, 우리나라는 숲이 푸르게 변화되었지만, 대부분의 숲 토양에는 아직 부식층이 거의 없는 상태이다.

유기물층 아래에는 본격적인 토양층이 나타나게 되는데, 유기물이 아닌 무기물 흙 알갱이들이 대부분을 차지한다. 물론, 유기물도 일부 섞여 있는데, 지표면에 있던 유기물은 분해가 진행되면 작은 알갱이가 되거나 물에 녹아서 지면 아래의 무기 토양입자에 스며든다. 이러한 유기물이 섞여서 갈색~검은색을 띠는 층이 토양의 윗부분에 형성될 수 있다. 이를 알파벳 순서에 따라 A층이라고 부르는데, 유기물은 생물에서 유래하였고 생물의 구성 요소가 될 수 있는 존재이므로 다시 식물의 영양분으로 활용될 수 있다. 즉, A층은 식물에게 양분을 공급할 수 있는 층위라고 할 수 있고, 이 층위가 두껍다는 것은 지상부가 안정적으로 식물체를 자라게 한 시간이 길다는 것을 의미한다.

A층이 두꺼운 토양은 식물 생태학적인 측면에서 비옥한 토양이며, 양분을 많이 함유하고 있어서 토지 생산성이 높은 경우가 대부분이다. 하지만, 앞서 토양의 색에서 설명한 것처럼 유기물을 많이 함유하고 있다 할지라도 진한 흑색보다는 갈색계통의 선명하지 않은 모습을 띠는 것은 분해가 덜 된 상태임을 시사한다. 이 경우에는 오히려 분해가 진행됨에 따라 열이 발생하여 식물 뿌리가 타 죽는 부작용이 생길 수도 있으므로 채도를 면밀하게 검토해야 한다. 또한, 낙엽층에서 언급했던 것처럼, 열대지방에는 분해와 더불어 식물생장도 매우 빨리 진행되므로 A층의 양분이 쉽게 소진된다. 따라서 열대지방 토양은 A층이 상대적으로 얇게 나타나는 반면, 한대지역에서는 식물이 느리게 생장하면서 양분 소모량도 적으므로 A층이 안정적으로 유지되며 두껍게 형성된다. 따라서 A층의 두께를 식물 생장의 잠재력을 결정짓는 유일한 지표로 판단하지는 말아야 한다.

A층 아래에는 유기물이 거의 없는 B층의 무기질 토양이 본격적으로 나타난다. B층은 유기물이 적으므로 연한 노란색이나 적색 계통으로 나타나는데 모암이 어떤 것인가에 따라 달라진다. 이때 유기물이 많고 적음에 대한 정확한 기준이 없이 정성적인 표현을 사용하고 있는데,

1~2%는 '약간 있다', 2~4%는 '있다', 4~6%는 '많다', 그리고 6% 이상은 '아주 많다'로 구분한다. 이에 따라 나는 A층과 B층의 구분 기준을 고려할 때 3% 이상의 토양 유기물을 지닌 토양층을 A층으로, 3% 미만의 유기물을 지닌 부분은 B층으로 구분하는 것이 바람직하다고 본다. 국내에서 발간된 많은 자료에는 산림토양의 경우 A층에서 3% 내외의 유기물 함량을 나타내는데, 이보다 높은 함량을 나타내면 상대적으로 비옥한 토양으로 평가한다. B층임에도 불구하고 3%가 넘는 토양 유기물을 지닌 것으로 표시되어 있는 경우가 종종 있는데, 이는 A층과 B층의 구분 기준에 대한 명확한 이해가 부족해서 생긴 오류로 판단된다. 토양 내 유기 탄소의 함량으로 표시할 때는 유기물 중 탄소의 비율이 50% 미만(평균 49%)인 경우가 대부분이므로 1.5% 이상의 유기 탄소를 지닌 층을 A층으로, 그보다 적은 양의 유기 탄소를 지닌 층은 B층으로 표시하는 것이 바람직하다.

때로는 A층이 없는 토양이 있고, 유기물은 여전히 많은데 색이나 구조가 달라짐에 따라 A_1, A_2 등으로 세분되어 다수의 A층이 나타날 수도 있다. 마찬가지로 B층도 토양의 색이나 구조에 따라 세분되어 B_1, B_2 등 다수의 B층이 나타날 수 있다. B층을 세분할 때는 앞서 「토양 관상학」에서 설명했던 토양의 구조가 중요한 기준이 된다. 즉, B층은 식물체의 직접적인 영향은 잘 반영되지 않았지만, 토양의 발달 정도, 즉 나이를 추론하는데 매우 중요한 지표를 제공한다.

B층 아래에 형성되는 층은 모암층(C층)이라고 부르며, 바위에서 흙이 만들어지고 있는 부위로서 흙이 차지하는 비중이 50%를 넘는 층을 말한다. 이때 흙의 정의도 중요한데, 앞서 언급했듯이 생태학자들

은 크기가 2㎜ 이하의 입자를 토양으로 취급하고 그보다 큰 입자는 돌로 취급한다. 따라서 그 아래의 R층(기반암층, 基盤巖層)과 C층을 구분하는 기준은 2㎜ 보다 작은 입자인 흙 알갱이의 비중이 50%가 넘는지 여부이다.

특기할 사항은 토양 층위가 꼭 이러한 순서로만 나타나지는 않는다는 사실이다. 때로는 B층 아래에 A층이 나타날 수 있는데, A층이 발달한 토양 위에 객토나 산사태, 빙하 또는 황사 등의 인위 또는 자연적인 간섭이 있고 나서 다시 토양이 발달한 경우이다. 이 경우에는 아랫부분의 A층과 윗부분의 A층 모암이 다른 경우가 대부분이므로 1A, 2A와 같이 알파벳 앞에 숫자를 표시하여 모암이 다른 층위임을 표시하게 된다. 한 가족이지만 한 혈통이 아니라 입양된 사람이 함께할 수 있는 것과 비슷하며, 흔한 예는 아니다.

한편, 사람의 관상을 보면서 화장이나 성형수술로 본래의 얼굴이 감춰진 경우에 유의해야 하는데, 이러한 모습이 토양 세계에도 나타날 수 있다. 산을 걷다 보면 만날 수 있는 길옆의 절개지(切開地)는 꽤 긴 높이가 적갈색의 한 가지 색으로 나타나는 경우가 있다. 이 모습을 그대로 토양단면으로 오해하지 말아야 하는데, 이는 윗부분의 토양이 흘러내리며 노출된 부분을 덮고 있기 때문이다. 마치 화장으로 살짝 덮어 놓은 얼굴을 보며 피부의 색이나 곱기를 평가하는 것과 같은 오류를 범할 수 있으므로 겉을 살짝 긁어낸 후 확인하는 것이 필요하다. 때로는 객토 등을 통해 큰 간섭을 받은 토양일 수 있으므로 토양단면을 제대로 이해하려면 모암이 있는 부분까지 반드시 파 보아야만 한다. 언뜻 보면 단순해 보이는 토양의 모습도 잘 살펴보면 엄청난 비밀을 간직하고 있을 수 있다는 점에서 "보이는 것이 모든 것이 아니다."라는 우리의 격언을 새삼 떠오르게 한다.

제 3 장

토양과 결혼이야기

수용성(受容性) 평가

주변 여건 파악

역량(力量) 평가

투자효율성 분석

지혜로운 주연(主演)

작지만 큰 역할을 하는 존재

신(神)은 디테일에 있다

적지적수(適地適樹)

제 3 장

토양과 결혼이야기

　결혼 적령기의 젊은이들에게 "멋있는 사람과 연애하고, 맛있는 사람과 결혼하라."라는 말을 한다. 물론, 멋있고 맛있는 사람을 만났다면 연애가 결혼으로 이어질 수 있으니 정말 행운의 반려자를 만났다고 할 수 있다. 그런데 어떤 사람이 멋있는 사람이고, 어떤 사람이 맛있는 사람일까? 이 부분에 대하여는 가치관이나 선호도에 따라 각각 다양한 의견이 있을 수 있다. 그런데 나는 멋있는 사람은 매력적인 사람, 맛있는 사람은 인간미가 넘치는 사람이라고 정의하고 싶다. 사람마다 매력을 느끼는 포인트가 다르므로 연애 대상자를 선택할 때 개성에 따라 다르게 결정할 것이다. 하지만, 인생의 반려자를 선택할 때는 내가 느끼는 매력 포인트가 아니라 인간적인 측면에서 미래를 함께 할 수 있는 사람인지를 확인하고 선택해야 한다는 것을 강조하는 의미이다.

　이제 이순(耳順)의 나이를 향하며 아이들의 혼례를 염려하게 되면서 결혼에 대하여 다시금 생각해 보곤 한다. 가끔은 다른 사람들의 결혼식에 참석하여 주례사를 들으면서 내가 혹시 주례를 맡게 된다면 어떤 주례사를 해야 할지 생각해 보기도 한다. 그때마다 언급해야 하겠다고 생각한 것은 "사랑하니까 결혼하는 것이 아니라, 더 사랑하고 싶어 결혼해야 한다."는 말이다. 연애는 사랑의 감정을 느끼며 하는 것이라면, 결혼은 정말 더욱 사랑하고파 하는 것이어야 한다고 생각한다. 즉, 멋있는 사람을 만나 반할 수 있고 사랑에 빠질 수 있지만, 결혼생활은 한순간의 감정이 아니라 오랜 시간 동반해야 하는 삶이기에 가치관이 맞고 삶의 애환을 나눌 수 있는 존재와 하는 것이 바람직하다. 이상과 현실의 차이를 인정하고, 이상적인 사랑이 아닌 현실적인 결혼을 하라는 것을 강조하는 것이다.

사랑을 이야기하다가 삶, 현실을 이야기하면 소위 깨는 소리라고 할 수 있겠지만, OECD 회원국 중 이혼율 1위를 차지하는 수준으로 깨지는 결혼이 많아진 우리나라의 상황을 보면 안타까움이 크다. 물론, 한번 결혼을 하면 반드시 머리카락이 파 뿌리가 될 때까지 해로(偕老)해야만 한다는 것은 아니지만, 기왕이면 삶의 동반자를 제대로 만나 행복한 시간을 오래 유지하는 것이 바람직하다. 결혼 관계만이 아니라 다른 인간관계에서도 비슷한 상황이겠지만, 기왕 맺어지는 관계를 지속하기 위해서는 시작 단계에서의 현명한 판단과 각 과정에서의 성실한 노력이 있어야만 한다.

연애가 아닌 결혼을 할 때 좋은 사람인지 어떻게 알 수 있으며, 그 관계가 계속되기 위해서는 어떤 노력이 서로 필요한 것일까? 토양생태계를 공부하며 문득 깨닫게 된 결혼 지침이 있어서 함께 나누어 보고자 한다.

01 수용성(受容性) 평가

   토양단면에 나타난 색과 흙 알갱이의 구성 상태를 보면 기본적으로 이 토양이 좋은 토양인지 아닌지에 대한 느낌이 온다. 하지만 그 느낌이 모든 것을 해결해 주는 것이 아님을 명심해야 한다. 관상(觀相)을 통해서는 정적인 모습, 현상적인 모습만 파악할 수 있기 때문이다. 선을 보고 겉모습이 마음에 든다고 바로 결혼을 결정하는 것은 오류를 범할 수 있으므로, 일단 데이트 등을 통한 사귐의 시간을 보내며 상대방의 내면을 정밀하게 파악하는 과정을 거쳐야 한다. 앞서 언급한 것처럼, 마음에 드는 것(사랑스러운 것)이 중요한 것이 아니라 앞으로도 마음을 맞춰가며 살아갈 수 있는지(더 사랑할 수 있을지)를 확인해야 한다.
   일반적으로 사람들은 자신과 같은 성별의 사람에 대하여는 나이를 쉽게 가늠하지만, 이성(異性)의 나이는 정확하게 파악하지 못하는 경우가 많다. 나는 특히 여성의 나이를 제대로 파악하지 못하는데, 느껴지는 것보다 나이를 젊게 추정하고 표현하는 것이 대인관계에서 유리하다는 조언을 들었다. 최근에는 성형수술을 한 경우가 제법 많고, 화장기술도 좋아져서 관상을 보는 사람들이 어려움을 많이 겪을 것으로 생각된다. 물론, 전문가는 성형수술이나 화장기술로 덮어진 본체를 읽어내는 눈을 지녔으리라 생각되지만, 나는 토양의 본질적인 모습은 읽어낼 수 있지만, 위장술에 덮인 사람의 본래 모습은 잘 읽지 못한다.

고등학교 시절, 옆집에는 어머니에 비하여 10년 이상 젊은 아리따운 아낙이 이웃으로 살고 있었다. 어느 봄날, 학교에서 시험을 보고 일찍 귀가하면서 옆집을 지나치게 되었는데 그 아주머니가 문 앞에 계시기에 인사를 하고 집으로 들어섰다. 언뜻 스치는 상황이었지만 그 분의 얼굴이 평소와 달리 매우 초췌하게 느껴졌기에, "엄마, 옆집 아주머니 어디 아프신가요?"라고 조용히 어머니께 여쭈었다. 그랬더니 어머니에게서 돌아온 말은 "아닌데. 아~! 네가 화장 안 한 얼굴을 처음 봐서 그러는 모양이구나."라는 웃음 섞인 대답이었다. 나이가 들면서 사람을 제대로 파악하는 능력이 다소 증진되었다고 자평하지만, 여전히 겉으로 보이는 것과 그 내면에 담긴 모습을 잘 구분하지 못한다. 피상적인 판단기준으로 겉모습만을 보지 말고, 행동양식 속에 숨겨진 진심을 파악하는 것이 인간관계에서 정말 중요하다는 것을 최근에도 종종 깨닫는다.

유전학에서는 생물의 겉에 나타나는 현재 모습을 표현형(phenotype)이라고 하는데, 표현형은 유전인자(genotype)와 환경요인(environmental factor)의 복합 산물이라고 이야기한다. 아무리 우수한 형질을 갖고 태어났다 할지라도 살아가는 환경이 열악한 경우에는 제대로 실력을 발휘할 수 없고, 비록 형질이 좋지 않아도 좋은 환경에서 자라면 우량한 모습이 될 수 있다는 것이다. 과거에 일본인은 우리나라 사람들에 비하여 키가 작아 '왜인(矮人)'이라 불리기도 했다. 하지만, 1970년대 일본과 우리나라 청소년의 평균 키를 비교한 통계에는 오히려 일본인이 더 크게 나타난다. 우리나라 경제상황이 좋지 않고 영양상태가 좋지 않았던 까닭인데, 지금은 우리나라 청소년의 영양상태가 좋아지면서 우리나라 청소년의 평균 키가 일본 청소년의 평균 키를 다시 앞질렀다고 한다. 이러한 상황은 거의 같은 유전인자를 지녔다고 추측할 수 있는 남한과 북한을 비교하면 더 극명하게 나타난다. 요즈음 남북한 사람들의 평균 키나 체중을 비교하면 남한이 훨씬 크게 나타난다.

마찬가지로 토양이 처음 생성되었을 때는 흙 알갱이가 지닌 특성이 제대로 나타나지만, 시간이 지나 주변의 다른 구성 요소들과 어우러지면서 토양 입단(粒團)이 형성되면 그 특성은 달라진다. 본래의 타고난 특성만이 아니라 함께 하는 각 인자의 영향이 반영된 모습이 표현된다. 생태학적 측면에서 토양은 식물이 자랄 수 있는 터전이 되어야 하는데, 이를 위해서는 적당한 수준의 밀도를 갖고 있어야 식물 뿌리가 자리를 잡을 수 있다. 너무 밀도(密度; 단위 부피당 질량)가 낮으면 버티고 서지 못하면서 넘어지고, 너무 단단하면 아예 뿌리를 내릴 수 없다. 이처럼 토양이 토지 생산성을 담보하려면 일단 다른 구성원이 들어올 수 있도록 허용하는 수용성(受容性)이 필요하다. 결혼하면 나와 함께 살아야 하는데, 나를 받아줄 수 있는지 없는지를 확인하는 작업은 매우 중요한 것과 같은 이치이다.

토양의 밀도는 두 가지로 계산될 수 있는데, 진비중(眞比重; particle density)과 가비중(假比重; bulk density)이다. 진비중은 진짜 비중이라는 의미인데, 영문에서 이해할 수 있는 것처럼 토양 무기입자(흙 알갱이)의 단위 부피당 중량(g/cm^3)으로 토양 입자(粒子)의 치밀도를 말한다. 즉, 진비중은 토양의 무기입자를 구성하는 물질의 조성과 밀접한 관련이 있으며, 일반적인 무기질 토양의 진비중은 $2.65(2.6\sim2.7g/cm^3)$ 내외이다. 가비중은 가짜 비중이라는 뜻으로 토양 입단(粒團) 전체의 부피를 기준으로 토양입자의 중량을 말한다. 진비중은 토양 무기입자에 대한 내용인 반면, 가비중은 흙덩어리 전체에 대한 내용이다. 어찌 보면 오히려 가비중이 실제 토양의 상황을 말하며, 진비중은 이론적인 상황을 말한다고 할 수 있다. 가비중은 건조한 토양의 중량(g)을 토양의 부피(cm^3)로 나눈 값이며, 단위는 진비중과 마찬가지로 g/cm^3이다. 토양의 가비중은 토성(土性; soil texture)이나 구성 물질에 따라 변화하는데, 모래가 많은 사질토양은 1.0~1.8g/cm^3, 고운 진흙이 많은 식질토양은 1.0~1.3g/cm^3의 범위를 나타낸다.

진비중이 유전적인 특성과 같은 존재라면, 가비중은 표현형과 같은 존재이다. 결국, 진비중보다는 가비중이 현재 토양의 모습을 잘 나타내는 지표가 되는데, 토양의 보수성(保水性), 통기성(通氣性), 투수성(透水性)에 대하여 설명해 주는 자료가 된다. 가비중은 뿌리가 잘 뻗어나갈 수 있는지를 알려주는 지표인데, 뿌리 발달을 저해하는 수준의 가비중은 토성에 따라서도 다르다. 사질토양은 1.6g/cm^3까지도 대부분의 나무뿌리가 잘 자라지만 1.9g/cm^3가 넘으면 어렵고, 식질토양은 1.3g/cm^3까지는 괜찮지만 1.4g/cm^3를 넘으면 뿌리가 거의 자라지 못한다. 이는 토성에 따라 공극률(空隙率; porosity)이 달라지기 때문인데, 공극률은 토양 입단 내에서 토양 입자의 밀도 대비 공기와 물을 포함한 빈 공간이 차지하는 비율을 말하며 [식 4]와 같이 계산된다.

$$공극률(\%) = 100 \times (1 - \frac{가비중}{진비중}) \text{ --------- [식 4]}$$

앞서 이야기한 것처럼, 결혼은 서로를 받아들여서 조화롭게 살아가는 과정이다. 자신의 신념이 너무 완고하면 상대의 장점을 받아들일 여유가 없으며, 자기만의 생각이 없이 귀가 너무 얇아 휘둘리는 사람이라면 중요한 일을 온전히 믿고 도모하기 어렵다. 삶을 함께하기 위해서는 적당한 수용력을 지녔는지 확인해야 하는데, 타고난 기질에 따라 차이가 있을 수밖에 없지만 상대방을 포용하는 마음과 주어진 환경에 적응하기 위한 노력을 통해 일정한 완충력을 가지고 있어야 한다. 이러한 완충력은 평소에 마음의 여유나 주변의 도움으로 채워져 있는데, 토양의 경우에는 공극이 토양공기나 토양수로 채워져 있다. 즉, 삶의 과정을 통해서 다양한 관계가 형성되고 그를 통한 완충력이 생기는 것처럼, 토양은 유기물과 토양입자가 어우러지고 입단이 형성되면서 공극이 만들어지는 것이다.

토양 입단구조의 발달은 다양한 크기의 공극을 형성하게 된다. 공극의 크기에 따라 공극 안에 머무를 수 있는 토양수(土壤水)가 달라지는데, 지름이 0.05㎜ 보다 작은 공극은 모관공극(毛管空隙; capillary pore)이라고 부르며 이 크기에 머무는 토양수를 모세관수(毛細管水)라고 한다. 지름이 0.1㎜ 보다 큰 공극은 통기공극(通氣空隙; macro-pore, aeration pore)이라고 부르며, 중력에 의하여 물 대부분이 빠져나가게 되므로 중력수(重力水)만 가지게 된다. 따라서 모관공극의 비율이 높은 토양은 보수력이 높고 수분의 함유율이 높으며 침수상태에 놓이기 쉽다. 반면, 모관공극의 비율이 낮은 토양은 통기성이 좋고 수분의 침투는 빠르지만 보수력이 낮다. 인간의 삶에서 큰 공극이 어떤 의미를 지니고 모관공극은 어떤 것을 의미하는지 찾아보면 재미있다. 포용력이 큰 사람은 다른 사람을 잘 받아들지만 실속이 없는 경우가 많다. 반면, 꼼꼼하고 치밀한 사람은 실리를 추구하여 안정적인 경제생활을 하겠지만, 지나치게 계산적인 사람으로 여겨질 확률이 높다. 따라서 적절한 조화가 필요한데, 토양에서도 통기공극과 모관공극이 조화롭게 섞여 있는 상태가 가장 양호한 토양이라고 할 수 있다.

이처럼 토양의 무기 입자와 토양공기, 토양수가 어떤 정도의 비율로 존재하는가를 알려주는 지표가 바로 토양 3상(三相; three phases of soil)이다. 고체 입자, 액체, 그리고 토양공기의 토양 전체 부피에 대한 비율을 각각 고상(固相), 액상(液相), 기상(氣相)이라고 부른다. 각 토양 종류에 따라 조성이 다르게 나타나며 일반적으로 유기물과 무기물을 합한 고상은 50% 내외를 차지한다. 모암 광물의 조성과 토양의 생성과정(풍화 및 토양생성작용)에 따라 달라지는 것이 당연한데, 유기물은 고상의 10% 이내가 대부분이나 유기질 토양에서는 80%에 이르기도 한다. 공극률은 전체에서 고상의 비율을 뺀 것이므로 [식 4]에서 표현한 것처럼 진비중과 가비중의 복합식(가비중÷진비중)에 의해 계산이 가능하다.

액상은 유기물질과 무기물질이 녹아있는 수용액으로 토양수라고 부르는데, 물질 형태의 변화와 이동, 집적을 만드는 주인공이다. 토양의 종류, 환경조건, 관리상태 등에 따라 다르지만, 일반적으로 20~30%를 차지한다. 수분 동태에 따라 토양의 발달 정도가 달라지고, 식물 생육에도 큰 영향을 준다. 기상은 토양 내의 기체로서 전체 부피의 20~30%를 차지하는데, 주로 질소, 산소, 아르곤, 이산화탄소와 더불어 수증기로 구성되어 있다. 식물의 뿌리와 토양생물의 호흡으로 인하여 대기에 비해 산소가 적고 이산화탄소가 많으며, 공극의 크기, 양, 연속성 및 깊이에 따라 차이가 있다. 통기성(通氣性; air permeability)은 토양 중의 공기와 대기의 교환이 잘 되는지를 알려주는 용어인데, 통기성은 토양미생물의 활동이나 식물 뿌리의 생장에 영향을 미친다. 큰 나무는 토양 내 기체 조성의 영향을 크게 받지 않지만, 어린나무의 뿌리는 산소량이 10% 미만이면 생장 저해가 일어난다.

사람에게 적용해 본다면, 고상(固相)은 본인의 능력, 액상(液相)은 주변에서 원만한 흐름이 이루어질 수 있도록 도와주는 존재, 기상(氣相)은 제3

의 인물이 들어와서 활약할 수 있는 여지를 의미한다고 할 수 있다. 나만의 생각과 의지로 살아가고 있는지, 적절한 도움을 주고받을 수 있는 친구나 이웃이 있는지, 그리고 다른 생각과 가치관을 지닌 사람과도 소통할 수 있는 여지가 충분히 있는지를 살펴볼 수 있다. 똑똑한 사람이지만 고집이 너무 강하여 주변의 친구가 적고 변화 수용력이 낮은 사람이 있을 수 있다. 과거에는 신랑감으로 장남을 기피하는 현상이 있었는데, 이는 본인의 자라온 배경과 주변 친지들의 영향력이 커서 기상(氣相)에 해당하는 여유 폭이 너무 좁아 경직된 삶의 태도를 지녔다고 인식되었기 때문이다. 물론, 토양에 고상, 액상, 기상의 비율이 어떻게 구성되어야만 한다는 명확한 기준이 없는 것처럼, 삶에서 본인의 가치관이나 신념, 주변의 도움, 그리고 수용력이 어느 수준으로 있어야만 한다는 정답은 없다. 시대에 따라 기준은 달라지고, 여건에 따라 변동이 생길 수밖에 없다. 하지만, 식물의 뿌리가 자랄 수 없는 수준의 가비중을 지닌 토양은 문제가 있는 것처럼, 변화와 발전을 도모하는 시도가 전혀 반영될 수 없는 수준의 삼상(三相)을 지닌 사람이라면 인생의 동반자로 적합한지 다시 생각해 보는 것이 바람직하다.

02
주변 여건 파악

    적절한 수용성을 지닌 사람과 하는 둘만의 데이트 시간은 마냥 즐거운 시간일 수 있으나 반려자가 될 수 있는 사람인지를 파악하고자 한다면 상대방의 실질적인 역량과 주변 여건을 파악해야 한다. 결혼은 짧은 기쁨을 누리는 순간이 아니라 여생을 함께 살아가는 과정이기에 상대방의 생태계를 이해할 필요가 있다. 결혼은 두 사람만의 만남이 아니라 두 집안의 만남이며, 나아가 두 사람을 둘러싼 많은 사람과의 관계 형성이다. 과거와 달리 현대사회는 개인과 가족을 중심으로 살아가는 경향이 커졌다. 그렇지만 친척이나 친구들과 결별하고 살아갈 수는 없는 것이 인간사회이며, 결혼은 대인관계의 확대를 부산물로 제공한다. 배우자의 친척이나 친구와의 관계에서 어려움이 발생하면 부부관계에도 영향을 끼칠 수 있으므로, 배우자 주변 사람들과도 좋은 관계를 맺기 위해 노력해야 한다.

    한편, 어떤 사람의 성품이나 행동양식을 단시간에 알기는 어렵지만, 주위의 친구들이나 친척들이 그 사람을 대하는 모습을 잘 살펴보면 그 사람의 성품을 추정할 수 있다. 개인의 행동방식은 주변의 영향을 받으며, 또한 주변에 영향을 끼치기 때문이다. 유유상종(類類相從)이라는 말이 있듯이, 친한 친구를 보면 그 사람의 됨됨이를 대강 짐작할 수 있다. 그런데, 주변 사람들의 여건이나 행동방식을 어떻게 파악할 수 있을까? 자주 만나서 부지불식중에 행동하는 친구들의 모습을 살펴볼 수밖에 없는데 어떤 측면에서 살펴보아야 할까?

  토양을 평가할 때도 토양의 색으로 대강 파악했던 유기물 함량의 실제 활용 가능성은 정밀분석을 통해 확인하는 작업이 필요하다. 좋은 모습만 보여주는 사람의 내면을 이해하려면 다양한 여건에서 만나보아야 하듯이, 토양을 제대로 이해하기 위해서는 모집단을 대표할 수 있는 표본을 추출하는 과정부터 통계적인 검증을 염두에 두고 진행해야 한다. 전체 면적이나 변이를 감안하여 적정한 표본 숫자와 위치를 선정하고, 층위별로 분석용 토양을 채취한다. 실내로 옮겨온 토양은 미생물에 의한 지속적인 화학반응을 차단하기 위하여 응달에서 48시간 이상 건조한 후 2mm의 체로 걸러 흙에 대해서만 분석하게 된다. 설혹 시간이 없어서 결혼을 서둘러야 할지라도 최소한의 기초적인 내용을 파악해야 하는 것처럼, 아무리 바쁘더라도 토지의 생산력을 평가하려면 유기물 함량과 pH만은 반드시 확인할 필요가 있다. 유기물 함량은 전반적인 양분 함량을 파악하는 기초가 되고 pH는 실질적인 활용 가능성을 알려주는 좋은 지침이 되기 때문이다. 유기물 함량은 다음 항목인 「역량 평가」에서 자세히 논의하도록 하고, 여기에서는 pH를 먼저 이야기하려고 한다.

  토양생태계에서는 구성 생물들이 어떤 여건에서 살고 있는지 가장 잘 알려주는 지표가 산도(酸度; pH)이다. 물리나 화학 용어가 나오면 다소 복잡한 듯이 여겨질 수 있지만, 고등학교 수준의 수학(지수와 로그)과 과학적인 기초지식을 동원하면 pH가 주는 엄청난 이야기를 배울 수 있다. 물은 화학 구조식에서 H_2O로 표현할 수 있는데, 물 분자는 수소(H) 2개와 산소(O) 1개가 결합되어 있는 구조이다. 그런데 물이 모두 안정적인 물(H_2O) 상태로 있는 것이 아니라 일부는 수소이온(H^+)과 수산화이온(OH^-)으로 분리되어 불안정한 이온 상태로 존재한다. 순수한 물이라고 표현하는 중성의 물은 99.99998%의 물(H_2O)과 0.00001%의 수소이온(H^+)과 또 다른 0.00001%의 수산화이온(OH^-)이 공존한다. 이때 소수점 아래 숫자가 너무 많으므로 로그를 사용하게 되는데, 〈그림 6〉에 표현한 것처럼, pH는 수소이온(H^+)의 농도를 상용로그[14] 값으로 계산 후 -1을 곱하여 나타낸 수치이다.

$$pH = -\log[H^+] \qquad \log 10 = 1, \quad \log 10^{-1} = -1$$
$$중성 : 1/10{,}000{,}000\ (10^{-7}) \qquad -\log 10^{-7} = 7$$
$$H_2O = H_2O(99.99998\%) + H^+(0.00001\%) + OH^-(0.00001\%)$$
$$1/10{,}000{,}000 \Rightarrow 10/10{,}000{,}000 \Rightarrow 100/10{,}000{,}000$$
$$10^{-7} \Rightarrow 10^{-6} \Rightarrow 10^{-5}$$
$$pH - 7 \qquad\quad pH = 6 \qquad\quad pH = 5$$

<그림 6> pH에 대한 설명식. [H^+]는 수소이온의 농도를 말함

즉, 중성의 순수한 물은 천만분의 일만큼 수소이온을 가지고 있으므로 pH를 계산하면 7이 된다. 중성인 pH 7보다 10배의 수소이온이 있는 상황이 pH 6이 되며, 100배로 많아진 상황이 pH 5가 되므로 수소이

---

14) 상용로그 : 「$\log_{10} X$」와 같이 10을 밑으로 하는 로그이다. 보통 10을 생략하여 「log X」와 같이 나타내며, 「$\log_{10} 10^n = n$」이므로 십진법에 의한 자리수와 로그의 관계를 이용하면 큰 수치를 간단하게 표현하기에 편리하다.

온이 많아지면 오히려 pH 값은 낮아진다. 상용로그 값을 사용하므로 10배로 많아지면 pH 값이 1만큼 낮아지는 구조인데, 토양에서 pH 7인 중성에 비하여 pH 5는 100배, pH 4는 중성에 비하여 수소이온이 1,000배 많은 상황이라는 의미이다. 이처럼 중성인 상태에 비하여 수소이온이 많은 경우를 산성(酸性)이라고 하며, 반대로 수산화이온이 많은 경우를 염기성(鹽基性; 또는 알칼리성)이라고 한다.

수소이온이 어떤 역할을 하기에 수소이온의 농도를 이렇게 심각한 지표로 이야기하는 것일까? 토양 내에는 다양한 물질이 있지만 우리나라와 같은 온대지역에서 식물이 이용하기 좋아하는 양분은 대체로 양성(+) 전하를 띠고 있다. 식물체의 주요 구성 물질인 질소, 칼륨, 칼슘, 마그네슘이 모두 NH_4^+, K^+, Ca^{2+}, Mg^{2+} 등 양이온의 형태로 있으며, 이들은 당초에 흙 알갱이나 토양유기물 중 음전하(−)를 띠고 있는 물질과 결합하여 토양 속에 존재한다. 그런데 이 자리에 수소이온(H^+)이 들어와서 차지하게 되면, 다른 양이온은 전기적 성질상 중성을 유지하려는 토양의 성향에 따라 머물 곳을 찾지 못하고 밀려나게 된다. pH 7인 상황에서는 수소이온이 차지하는 비율이 천만분의 일 수준이므로 큰 문제가 없지만, 이들의 비중이 커지면 다른 양이온이 머물지 못하는 문제가 발생하는 것이다.

아무리 살기 좋은 도시라고 할지라도 시민 중에는 소수의 공공질서를 깨뜨리는 사람이 존재한다. 서울시와 같이 천만 명의 시민이 있는 대도시에서 10명 미만의 시민이 도시의 안정적인 분위기를 저해하면 이를 그리 심각하게 여기지 않을 것이다. 정부나 시민들 대부분이 무시하거나 참고 넘어갈 수 있는 수준인데, 이 상황이 pH 7의 중성 상태에서 pH 6의 약산성 상태라고 할 수 있다. 그런데 이들의 숫자가 10명을 초과하여 100명 수준으로 늘어나 pH 5의 상태가 된다면 이를 그냥 방관하는 것은 곤란하다. 폭력배 일당 100여 명이 몰려다니는데 경찰이 그냥 가만히 놓아둔다면 안전한 도시 서울의 이미지는 훼손된다. 더욱 심각한 것은 평소 일탈을 꿈꾸면서도 힘을 쓰지 못하던 잠재 불량배들이 점차 그 모습을 드러내게 되는데, 결국, 선량한 시민들은 이사를 고려하게 될 것이다.

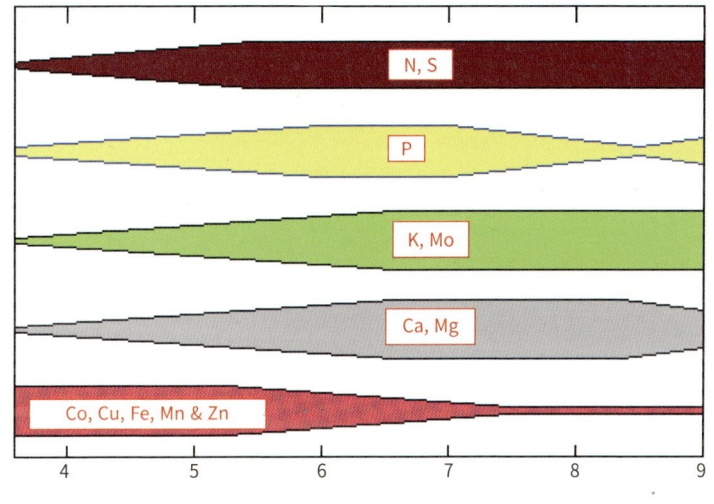

<그림 7> pH에 따라 변화하는 토양 내 양분의 가용성(可用性)

이와 비슷한 현상이 토양 pH와 연관되어 토양생태계에서도 나타난다. 처음에는 토양 내에 식물이 활용할 수 있는 양분이 있었지만, pH가 바뀌면서 토양 내에 남아 있지 못하고 떠나거나 조용히 숨어 지내는 모습으로 변하게 된다. 〈그림 7〉은 pH에 따라서 변화하는 토양 내 각종 양

분의 활력을 보여준다. 중성(pH 7)인 상황에서 질소(N), 인(P), 칼륨(K), 칼슘(Ca), 마그네슘(Mg) 등 식물체를 구성하는 주요 물질의 가용성(可用性)이 높지만, pH 5 이하로 낮아지면 그 활성이 급격히 줄어든다. 더욱 특기할 사항은 pH 5 이하로 여건이 조성되면 코발트(Co), 구리(Cu), 망간(Mn) 등 중금속의 활성이 높아진다는 것이다. 토양 내에서 수소이온은 약간의 말썽꾼 수준이라면, 중금속은 폭력집단의 두목 급에 해당하는 존재이다. 결국, 중금속이 활성화되면 다른 양이온은 거의 무력화되는 상황이 초래되며, 중성 조건으로 회복되기 매우 어려운 상황이 된다.

다시 말해서, 토양생태계에서 pH가 일정 수준 이하로 낮아지면, 토양 속에 식물이 필요로 하는 양분이 많이 존재해도 그 형태가 바뀌어 식물이 사용할 수 없게 된다. 이와 더불어 토양의 pH가 낮아지면, 중금속의 영향 등으로 인하여 토양 속에 존재하는 미생물을 비롯한 다른 생물의 활성도 영향을 받는다. 이에 따라 각종 유기물이 분해되는 속도가 급격히 떨어지며, 식물 뿌리의 생육이 저해되는 현상도 나타날 수 있다. 이러한 측면을 고려하면 토양산도(pH)는 중성인 7이 가장 바람직한 것으로 생각되지만, 우리나라 산림토양은 대체로 pH 4~6을 나타낸다. 그렇다면 우리나라 산림토양은 극심한 산성화가 이루어져서 식물 생육이 곤란한 상태에 있다는 뜻인가?

내가 석사과정을 밟던 1980년대 말, 서울지역 산림토양의 산성화 정도를 조사한 적이 있다. 당시 환경청(현 환경부) 발주의 용역 연구이었던 것으로 기억하는데, 조사 결과 남산, 관악산, 북한산의 토양은 모두 pH 5 내외로 산성을 띠고 있었다. 학계에서는 대학원생이 지도교수 주관의 용역 연구를 맡아서 진행하면 그 결과를 정리하여 보고서를 제출하고 논문으로 작성하여 학회에 발표하는 것이 관례이다. 이에 따라 연구보고서를 제출한 후 학회에 발표하려고 하였는데, 연구결과를 확인한 담당 공무원이 발표를 허락하지 않았다. 서울시 인근 산림토양의 산성화가 매우 심각한데, 대기오염으로 인해 이러한 문제가 발생했다는 비판이 일어날 수 있으므로 대외비로 처리해야 한다는 것이다.

사실 pH 5는 산성이 맞지만, 산림토양의 입장에서는 심각한 수준의 산성이라고 하기는 곤란하다. 왜냐하면 [식 5]에서 나타낸 것처럼, 대기오염이 심하지 않은 곳에서 내리는 비도 공기 중의 이산화탄소를 만나면 pH가 낮아지기 때문이다. 당초 중성으로 pH 7인 빗물이 공기 중의 이산화탄소(CO_2)와 만나면 물(H_2O) 속의 수산화이온(OH^-)이 탄산이온(HCO_3^-)으로 변화하면서 짝을 잃은 수소이온(H^+)의 비율이 높아지게 된다. 이에 따라 빗물이 지면에 도달할 때의 pH는 중성인 7이 아니라 5.6 수준까지 낮아진다. 이처럼 청정지역이지만 pH 5.6을 나타내는 빗물이 지상으로 유입되어 누적되면, 대기오염이 거의 없는 곳의 토양 pH도 5.6 수준에서 머무는 것이 정상이다. 즉, pH 5 내외의 토양이 산성화된 것은 맞지만, 심각한 산성화가 신행되었다고 말하는 것은 무리이다. 하지만, 이러한 의견은 담당 공무원에게 받아들여지지 않았고, 결국 학회에 발표하지 못하는 해프닝이 벌어졌다.

$$H_2O + H^+ + OH^- + CO_2 \Rightarrow H_2O + H^+ + HCO_3^- \quad \text{[식 5]}$$

반면, 우리나라의 산림 식물은 이러한 기제(機制; mechanism)를 잘 이해하는지, 여건에 잘 적응하며 살아간다. 나무들은 청정지역에 떨어지는 빗물의 산성도인 pH 5.6과 6.5 사이에서 가장 잘 자란다(표 2 참조). 우리나라에서 가장 많이 보이는 참나무류와 주요 활엽수가 이 범주를 가장 선호한다. 또한, 소나무와 낙엽송 등은 심각한 pH라고 할 수 있는 pH 4.0부터 4.7 사이에서도 잘 자란다. 사실 최근에도 우리나라 산림토양의 산성화가 심각하다는 언론 보도를 가끔 접할 수 있는데, 이는 순수한 빗물의 pH와 토양 pH의 산성화에 익숙한 식물의 적응력에 대한 이해가 다소 부족하여 말하는 것이라고 할 수 있다.

<표 2> 산림토양의 pH에 따라 주로 나타나는 식물 종류

pH	주요 수종	특기사항
3.9 이하	지의류, 이끼류와 키가 작은 관목류	
4.0~4.7	노간주나무, 낙엽송, 소나무, 진달래 등	중금속 용해
4.8~5.5	가문비나무, 잣나무 등	칼슘과 인 부족
5.6~6.5	느릅나무, 단풍나무, 참나무류, 피나무 등	
6.6~7.3	백합나무, 호두나무 등	
7.4 이상	개오동나무, 물푸레나무, 오리나무, 포플러류 등	철분 부족

토양 pH는 식물에게만 영향을 미치는 것이 아니라 토양미생물을 비롯한 각종 생물의 삶에도 큰 영향을 준다. 일반적으로 곰팡이류는 약산성(pH 5~6)의 범주에서도 잘 생활할 수 있지만, 세균류는 산성 조건에서는 활력이 극히 떨어진다. 이에 따라 산림토양이 산성화되면 숲에 유입되는 각종 낙엽이 잘 분해되지 않고, 전반적인 양분 순환이 원활하지 못하게 된다.

토양 pH의 이야기는 결혼을 준비하는 사람뿐만 아니라 사회생활을 하는 모든 사람에게 시사하는 바가 크다. 개인의 능력을 키워 사회에서 제 역할을 할 수 있으리라 생각하지만, 주변 여건에 의해 그 능력이 제대로 발휘되지 못하는 경우가 많다. 작은 일탈이니 그냥 무시하고 넘어갈 수 있다고 생각했던 것이 누적되어 나의 삶에 직접적인 영향을 미치는 경우도 많다. 산성화된 토양의 문제점을 잘 이해하는 농민들은 매년 석회를 뿌려 pH를 높여서 토양을 중화시키는 일을 한다. 다른 비료를 주는 것보다 pH를 조절하는 것이 더 중요한 일임을 알기 때문이다. 기반을 제대로 만들어 놓은 후에 다른 보완적인 일을 하는 것이 바람직하다.

한편, 큰 숫자에 로그를 취해 단순화할 수 있는 것처럼 복잡한 사회현상을 일정한 필터를 사용해서 보면 단순한 원리를 찾을 수 있는 경우가 많다. 대부분 고등학생은 수학이 대학교 입시를 위해서만 필요하고 실생활에는 별 도움이 되지 않는다고 생각한다. 하지만, 수학은 논리 구조와 더불어 복잡한 삶에 대한 시각을 바꾸어 조명할 때 새로운 깨달음을 주는 좋은 도구이다. 우리가 배운 여러 가지 지식을 삶에서 다각적으로 적용하면서 지혜롭고 풍요롭게 살기를 소망한다.

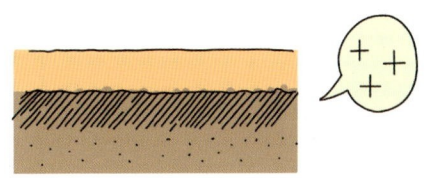

03 역량(力量) 평가

젊은이들에게 결혼을 위한 최우선의 조건을 물어보면 외모와 성품 등 다양한 답변이 나온다. 하지만, 중년의 남녀에게 자녀의 결혼을 위해 배우자에 대하여 반드시 확인해야 할 것이 무엇인가 물어보면 과반수의 답변은 '능력'이다. 결혼해서 함께 살아갈 때 짐이 되는 존재가 아니라 서로에게 보탬이 되는 존재가 되어야 한다는 생각을 솔직하게 표현한다. 그런데, 막상 요즈음 젊은이들은 직장과 집 등 가시적인 여건을 갖춘 후에야 청혼을 할 수 있을 정도로 과거보다 더 현실적인 모습을 보인다. 대놓고 말하지는 않지만 요새 젊은이들도 생활력을 중요한 결혼조건으로 삼고 있는 것 같다. 하지만 결혼생활은 현재의 먹고 사는 것만이 아니라 미래를 공유하는 삶인데, 미래의 능력은 어떻게 평가할 수 있을까?

관상을 통해 사람의 잠재력을 충분히 알 수 있으면 좋겠지만, 사람들 대부분은 관상조차 제대로 볼 수 없으므로 보통 어려운 일이 아니다. 사람들은 상대방의 정신과 신체적인 건강을 확인하고 현재 직장에서 어떤 일을 하는지 알아보며, 부모의 지위나 가정의 분위기 파악 등을 통해서라도 미래를 예측하고자 애를 쓴다. 그런데 인간사(人間事)보다는 덜 복잡한 듯 보이는 토양을 잘 살펴보면, 미래의 좋은 반려자가 될 수 있는지의 가능성을 판단하는 신기한 방법을 알려준다.

황금만능주의가 만연한 자본주의 사회에서 살다 보니 능력 가운데에도 가장 먼저 꼽는 것은 경제적인 능력이다. 생태학적인 측면에서 토양을 생각할 때도 이와 비슷한 경향이 나타나는데, 토지의 생산성을 먼저 살피게 된다. 토지 생산성은 토양의 비옥도로 평가할 수 있는데, 토양의 비옥도는 식물이 자랄 수 있도록 도와주는 여러 가지 양분의 공급능력이다. 토양 속의 양분은 유기물과 무기물로 구분하여 파악할 수 있는데, 이들은 토양의 관상 보기에서 설명하였듯이 토양단면(토양의 얼굴)을 살펴보면 개략적으로 파악할 수 있다.

토양단면을 설명하면서 유기물이 3% 이상 함유된 윗부분의 토양을 알파벳 순서에 따라 A층이라 부른다고 설명한 바 있다. A층은 유기물을 많이 포함하고 있으므로 당장 식물이 사용할 수 있는 양분을 담고 있어서 인간사회의 동산(動産) 보유능력과 견줄 만하다. 즉, A층이 담고 있는 유기물은 현금이나 유가증권 보유량과 비슷한 성격이라고 할 수 있다. 반면 B층은 당장 사용하기 어려운 듯 보이지만 천천히 그 능력을 발휘하는 무기질을 포함하고 있으므로 인간사회의 부동산(不動産)과 비슷한 존재이다. A층과 B층이 두툼하면 이용할 수 있는 유기물과 무기물이 많아 토양의 비옥도가 높을 확률이 크다. 그래서 토양에서도 이 두 층의 두께 합을 토심(土深)[15]이라고 하여 중요하게 평가한다. 그런데 실제로는 두께만이 중요한 것이 아니라 양분의 총량이 중요하다. 두께는 비교적 두껍지만, 실제 양분함량은 적을 수 있다. [식 6]에 표현된 것처럼, 층위별로 각종 양분의 농도가 얼마이며, 그 농도와 토양의 부피 및 밀도를 곱한 값을 함량이라고 하는데, 이 값을 통해 양분 보유량을 평가하

---

[15] 토심(土深)은 문자대로 해석하면 토양의 깊이라고 할 수 있는데, 토양으로 평가되는 B층이 어느 깊이까지 분포하는지를 나타내며, 실질적으로 토양의 두께를 의미한다.

게 된다.

토양 양분함량 = Σ층위별(농도×두께×밀도×면적) ---- [식 6]

지나치게 계산적이라고 생각할 수 있겠지만, 생산능력은 정밀하게 계산하여 평가하여야 한다. 특히, 프레임의 법칙[16]에서 지적하는 것처럼 한 가지 시각이 아니라 다양한 측면에서 생각해 볼 필요가 있다. 현상적인 모습, 정적(靜的)인 모습으로 생각하지 말고, 동적(動的)인 토양생태계를 고려하면 엄청난 지혜를 발견하게 된다. A층의 두께나 은행 계좌에 남아있는 금액은 당장 사용 가능한 양분이나 현금 보유량을 추측할 수 있도록 도와준다. 하지만 현재의 직장에서 받는 보수(수입)가 그 사람의 지출능력 또는 경제력을 명확히 제시하는 것이 아닌 것처럼, A층의 두께가 가용 양분을 종합적으로 표현하지는 못한다. 열대지방 토양에 대하여 설명한 것처럼, 지상부의 식물에 의한 양분 사용량이 많으면 신속히 소모되어 A층이 두껍게 유지되기 어렵다. 다시 말하면, A층의 두께가 얇다고 해서 반드시 생산성이 낮은 것은 아니며, 현금을 적게 쥐고 있다고 해서 반드시 현금 가용능력이 적은 것은 아니다. 대규모 사업을 하는 부자가 꼭 현금을 많이 갖고 있어야만 하는 것이 아닌 것처럼, 생산성이 매우 높은 열대지방의 토양은 각종 양분의 유입량과 지출량이 모두 많아서 잔액(殘額)이 적을 뿐이다. 한대지방의 토양은 A층이 두툼해 보이지만 실질적인 생산 활동이 활발하지 않기에 쌓여

---

[16] 프레임(Frame)의 법칙 : 어떤 하나의 사건(행동이나 말)이 다른 프레임 위에서 달리 해석될 수도 있음을 지적하는 논리. 편견과 선입견은 생각을 틀에 가두고 상대방을 배려할 수 없게 만든다는 것을 깨우쳐 주는 논리.

있는 유기물이 많은 상황이다. 그런데 이 모습은 사람으로 따지면 바람직한 경제활동가라고 평가하기 곤란하다는 것을 알아야 한다.

  B층의 두께는 A층의 확장성을 담보하고 있는 공간으로 A층에서 넘쳐 흐르는 양분을 유출시키지 않고 담을 수 있는 그릇의 크기라고 할 수 있다. 즉, B층은 지금 당장 현금이나 멋있는 직장은 없지만, 중장기적으로 활용 가능한 부동산이나 잠재능력을 지니고 있음을 나타내는 지표이다. 이때 유의할 것은 단순히 B층의 두께나 토심을 평가하는 것이 아니라 유효토심(有效土深; effective rooting depth)을 확인해야 한다. 유효토심은 단어에서 나타나는 것처럼, 실질적으로 양분 흡수 능력을 가진 잔뿌리가 분포하고 있는 곳까지의 깊이를 말한다. B층의 중간 부분까지 잔뿌리가 활동하고 있는 경우가 대부분이지만, 어떤 경우에는 잔뿌리가 A층에만 머물기도 한다. A층에만 잔뿌리가 머문다는 것은 본인이 소유한 현금 운용능력만 있고 미래를 위한 잠재력은 거의 없는 상황을 말한다. 집안의 자산 처리가 부모님에 의해 결정되고, 본인의 자율적 영향력 행사는 거의 불가능한 상황과 비슷한 사례라고 할 수 있다.

  토심(土深)은 단기간에 누꺼워질 수 있는 존재가 아니다. 우리나라와 같은 온대지방에서 토양 모암에서 풍화되어 1cm를 만들기 위해서는 100~200년의 시간이 필요하다. 물론 갑자기 부동산을 팔아 현금화시켜 졸부(졸지에 부자가 된 사람)가 되는 경우처럼, 제2장의 [식 3]의 'y 절편 d'와 같은 간섭이 있으면 갑자기 늘어날 수도 있다. 하지만, 이러한 확률은 매우 낮으며 토양이 제대로 형성되기 위해서는 일정한 시간이 꼭 필요하다.

  미국에서 박사학위를 하고 귀국하여 임업연구원(현 국립산림과학원)

의 산림토양연구실에 근무하던 1993년의 에피소드를 소개한다. 일반 행정 분야에서 근무하다가 산림청장으로 부임하신 청장님이 우리 과를 방문하셔서 우리나라 산림토양의 성숙도를 질문하셨다. 1973년부터 「국토녹화 10개년 계획」을 추진하여 20년이 지났으니 우리나라 산림토양이 많이 성숙하지 않았느냐는 기대 섞인 문의였다. 하지만, 앞서 언급한 것처럼 우리나라와 같은 온대지방에서 단 20년 만에 토심은 0.5cm도 두꺼워지기 어려운 것이 현실이다. 반면, 녹화라는 간섭의 효과를 기대한 것인데, 실제 토양을 조사해 본 결과 역시 20년 전에 비하여 평균 0.2cm 정도의 A층이 발달한 것을 확인할 수 있었다. 물론 인간사에서는 토양보다 진전이 빠르겠지만, 결혼하면서 단기간에 경제 여건의 획기적인 변화를 기대하는 것은 도박이나 투기 외에는 극히 드물다는 사실을 기억해야 한다.

한편, 양적인 측면만이 아니라 질적인 측면, 실질적인 활용가치 측면에서도 검토가 필요하다. 리비히의 최소량의 법칙[17]으로 설명하기도 하는데, 토양을 분석하여 토지 생산력을 평가할 때는 양분 수지 측면[18]에서 검토하는 것이 바람직하다. 양분 수지(收支)를 분석한다는 것은 식물이 자라는데 필요한 양분의 종류별로 필요량과 보유량을 계산, 평가하는 것이다. 필요량과 보유량의 균형을 유지하기 위하여 여러 성분을 지닌 복합비료가 아니라 부족한 성분의 비료만 골라서 공급하면 효율성과 효과성이 높아진다. 〈그림 8〉은 이러한 모형의 예를 보여준다. 식물

---

17) 리비히의 최소량의 법칙 : 1840년 리비히(Liebig)에 의하여 밝혀진 이론으로, 생물이 번성하기 위해서는 생장에 필요한 여러 가지 필수 물질을 얻어야 하는데 생물 종(種)에 따라 필수 물질이 다르고, 필수 물질 중 가장 적게 공급되는 물질에 의하여 삶이 제한된다는 법칙.
18) 양분수지 측면의 접근(DRIS; diagnostic recommendation integrated system) : 적정한 농도의 양분이 균형 있게 공급될 때 생장이 제대로 이루어진다는 가정으로 주요 양분의 농도나 균형을 맞추도록 하는 방식

체의 주요 성분인 질소(N), 인산(P_2O_5), 가리(K_2O), 칼슘(Ca), 마그네슘(Mg) 등의 양분과 전반적인 유기물(OM) 및 산도(pH)까지 관리하며, 토지의 생산성을 내부 다각형의 면적으로 계산해 내는 방식이다.

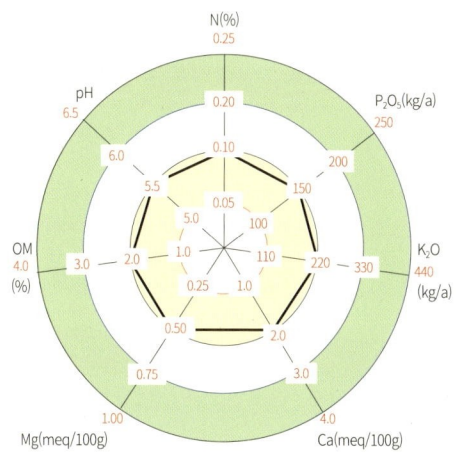

<그림 8> DRIS를 통한 토지 생산성 관리 모형

이러한 토지 생산성 관리는 농업기술센터를 비롯한 전문기관에서 농사를 자문하는 전문가의 조언을 받으면 좋다. 농지의 토양을 분석하여 해당 토지가 지닌 각 양분이 얼마이며, 키우고자 하는 작물이 매년 양분을 얼마나 소모하는지 계산할 수 있다. 이를 토대로 어떤 비료가 필요한지 파악하여 그 비료만 공급하는 방식으로 토지 생산성을 높일 수 있다. 단, 정밀한 분석을 위해서는 토양을 층위별로 채취, 분석하여야 하고, 해당 층위의 밀도를 정확히 파악하여 계산해야 한다. 토양분석을 통해 각 양분의 농도를 파악하는 것이 중요한 것이 아니라, [식 6]에서 보

여주는 것처럼 각 양분의 정확한 함량을 파악해야 한다. 정밀한 분석을 간과하고 실제 작물이 필요로 하는 양분보다 훨씬 많은 양의 비료를 투입하면, 넘치는 비료 성분이 지표수나 지하수를 오염시키는 부작용을 낳을 수도 있다.

제2차 세계대전이 끝난 후 미국에서는 전쟁에서 사용하던 폭탄 제조 기술인 다이너마이트[19]나 TNT[20] 생산기술을 비료 공장에 적용하여 질소질 비료를 대량 생산할 수 있었고, 농지 생산성 증대를 위해 널리 보급하였다. 질소(N)는 단백질의 주요 구성 성분으로 식물체에서 탄소(C), 수소(H), 산소(O) 다음으로 가장 많이 필요한 원소이다. 이에 따라 미국의 각 농장에서는 토지 생산성이 급격히 증가하며 농산물 소출이 많아졌다. 그런데 이 시기에 6개월 미만의 영아가 사망하거나 청색증(靑色症)[21]으로 후유증을 겪는 경우가 많이 나타났는데, 특히 도시보다는 농촌에서 이러한 현상이 많이 나타났다. 원인을 찾아본 결과, 농지에 과다하게 투입된 질소질 비료가 지하로 흘러가면서 지하수에 질소 성분이 많아진 것이 주요 원인으로 밝혀졌다. 오염된 지하수에 분유를 타서 먹인 영아의 위(胃)에 질소 성분을 잘 활용하는 세균이 번식하면서 산소 결핍 증상이 유발된 것이었다.

갓 태어난 아이의 위는 위낭(胃囊; 위 주머니)이 아직 만들어지지 않아 식

---

19) 다이너마이트(dynamite) : 나이트로글리세린($C_3H_5N_3O_9$)을 7% 이상 함유한 폭파약. 나이트로글리세린은 폭발위력이 크고 예민한 액체이므로 그 취급은 위험하여 노벨이 규조토에 흡수시켜 취급이 용이한 가소성 폭약의 제조에 성공한 바 있다.

20) TNT : 정식 명칭은 2, 4, 6-trinitrotoluene으로 분자식은 $(NO_2)_3CH_3C_6H_2$로 톨루엔의 2, 4, 6번 위치에 아질산기($-NO_2$)가 세 개 치환된 화합물이다. 폭발성을 갖고 있으며 다양한 폭탄의 폭발성능을 표현하는 기준물질로 사용된다.

21) 청색증(靑色症; cyanosis) : 핏속의 산소농도가 낮아져서 산소와 결합하지 않은 상태의 헤모글로빈이 100㎖당 5g을 초과하는 경우 나타나는 증상으로, 입술을 비롯한 피부가 파란색을 띠면서 호흡기에 문제가 생긴다. 자색증(紫色症)이라고도 한다.

도와 비슷하게 일자(一字)의 관(管) 모양을 하고 있다. 다량의 젖이 들어가면 위에서 일정 시간 머무는 동안 위가 늘어나면서 주머니 모양으로 변하게 되는데 이러한 변화에 약 6개월이 소요된다. 위가 주머니 모양으로 변하면 위에 분비된 위산이 남아 pH 2~3의 강한 산성을 띠게 되므로 세균이 번식할 수 없다. 하지만 아직 위 주머니가 형성되지 않은 6개월 미만 영아의 위(胃)에서 질소를 먹잇감으로 활용하는 세균이 증식할 수 있었고, 결국 청색증을 유발하게 된 것이었다. 전혀 예상하지 못했던 부작용이 미생물을 통해 나타나게 된 사례인데, 질소 비료를 지나치게 투입하여 과유불급(過猶不及) 사태를 만든 것이다. 우리는 나비효과가 어디서 나타날지 알 수 없는 복잡한 생태계에서 살고 있음을 유념해야 한다.

  결론적으로, 역량 평가는 필요로 하는 분야에 대한 정확한 능력 평가와 종합적인 분석을 통해 이루어질 수 있음을 말한다. 특히 실험실에 가져온 토양시료를 잘 분석하는 것도 중요하지만, 실제로는 토양시료를 어떻게 채취하느냐부터 유의해야 한다는 점을 기억해야 한다. 사람을 평가할 때도 나름 정확히 분석한다고 하지만, 남의 다리 긁고 있는 상황이 되지 않아야 한다는 점을 유념해야 한다.

04
투자 효율성 분석

    역량평가를 하면서 장단점을 분석하다 보면 결혼하는 것이 정말 쉽지 않다는 것을 깨닫게 된다. 단점이 없는 완벽한 사람을 찾는 것은 불가능에 가깝기 때문인데, 역량을 평가한 후에는 내가 보완해 가면서 살 수 있을지 검토해 보아야 한다. 즉, 어떤 부분이 부족하다면 그 부분을 내가 채우면서 살아갈 수 있을까 고민해 보아야 하며, 정말 투자 가치가 있는지 검토해야 한다는 것이다. 토양도 완벽한 토양이 없으므로 보완 방법을 모색을 할 수 있는데, 토양의 비옥도를 교정하기 위해서는 ① 생육 기간에 식물이 이용하는 양분량, ② 현재 식물의 상태(잎이나 새 가지의 생육 상태), ③ 양분 이외의 조건(수분 조건 또는 병해충 등)을 종합적으로 고려하면서 경제성을 분석하여야 한다.

    결혼하기 전에 고칠 수 있는 것과 신혼 초기에 교정할 것, 그리고 차곡차곡 변화를 유도해야 하는 것이 각각 다른 것처럼, 토양의 비옥도 교정을 위해 비료를 주는 시기와 방법도 구별하여야 한다. 일반적으로 봄이나 이른 여름에 비료를 주어야 식물이 왕성하게 생장할 때 효율적으로 사용되겠지만, 비료의 형태에 따라 시비(施肥) 시기가 다르다. 오랫동안 천천히 양분을 공급하는 지효성(遲效性) 고형(固形) 비료는 가을철에 사용하는 것이 좋으며, 나무를 심은 지 얼마가 되었느냐에 따라서도 비료 종류가 달라야 한다. 인산과 같이 식물 생육에 매우 중요한 양분임에도 불구하고 토양에 충분하지 않으면 나무를 심기 전에 처리해야 한다. 하지만, 너무 일찍 인산을 처리하면 잡초가 많이 발생하는 부작용을 낳을 수 있다. 이는 품성도 좋고 부동산도 많이 있지만 당장 쓸 수 있는 돈이 부족한 사람을 결혼 전에 도와주는 경우와 비슷하다. 그 투자 효과가 나에게 돌아오는 것이 아니라 다른 사람을 사귀는 비용으로 전용될 위험도 있으니 유의해야 한다.

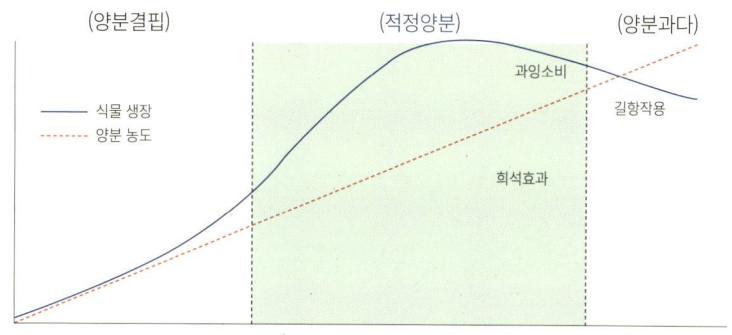

<그림 9> 양분 공급에 따른 토양 내 양분농도와 식물생장의 관계

나무를 심은 후에 주는 비료도 그 나무의 상태나 토양 특성에 따라 잘 구분하여 처리하는 것이 바람직하다. 비료를 줄 때는 나무의 생장에 도움이 되는 수준인지 검토하며 처리해야 한다는 뜻인데, <그림 9>에 나타낸 것처럼 비료를 주는 행위가 오히려 독이 될 수도 있다. 양분이 부족한 상태에서는 양분이 증가함에 따라서 식물 생장이 함께 증가하지만, 적정 양분의 범위를 벗어나 양분이 과다하게 되면 오히려 식물 생장이 줄어들게 된다. 양분 결핍(deficiency) 상태에서 초기에는 양분 투입량에 비례하여 생장이 이루어지다가 일정 수준이 넘으면 투자 효과

가 더 높게 나타나기 시작한다. 이후 적정(optimum) 수준에서는 생장 증진 효과가 뚜렷하게 나타나지만, 일정 수준이 지나면 과잉소비(luxury consumption)를 하면서 추가적인 생장 효과가 나타나지 않게 된다. 이 시점에는 양분이 식물체 내에서 희석되는 희석효과(dilution effect)가 나타나기도 하는데, 이후에도 계속 양분이 공급되면 오히려 부작용으로 길항작용(antagonism)이나 독성효과(toxicity)가 나타난다. 균형 있는 생장을 위한 시비가 매우 중요하며, 경제성을 고려하면서 투자해야 한다.

일반적으로 질소(N) 비료는 요소(尿素; urea)나 질산암모늄(NH_4NO_3)을 사용하는데 용탈(溶脫; leaching)이나 휘산(揮散; volatilization)에 의한 손실이 크다. 지면 위에 그냥 뿌려주는 것은 시비효과가 낮으므로 적당한 양을 토양에 주입하는 방법을 사용하기도 한다. 더 좋은 방법은 미생물과의 공생관계를 통해 질소 고정을 할 수 있는 식물을 심는 방법이 있다. 대표적인 예가 콩과식물이며, 이러한 역할을 하는 나무를 비료목(肥料木)이라고 한다. 인산(P)은 인광석 분말(ground-rock phosphate), 과인산석회(superphosphate), 인산암모늄(ammonium phosphate) 등을 사용하는데 철(Fe) 또는 알루미늄(Al) 산화물이나 염화물에 의하여 식물이 사용하기 어려운 형태로 고정되는 경우가 많다. 이 경우에는 고정된 인산 성분을 녹여내는 효소를 분비하는 균근이 공생관계를 형성하고 있으면 큰 도움이 된다. 칼륨은 염화칼륨(KCl)이나 황산칼륨(K_2SO_4) 등을 사용하지만 용탈로 인하여 효과가 줄어들 수 있으므로 적정량을 수시로 공급하는 방식이 바람직하다. 우리나라의 일반적인 숲 토양에서 칼슘, 마그네슘, 황이나 미량원소는 결핍이 나타나는 경우가 드물지만, 화산회 토양에서는 미량원소의 결핍 현상이 나타날 수 있다. 용탈(溶脫)이나 휘산(揮散)으로 유실되는 경우가 많으므로 시비효과는 3~5일, 길어도 1주일 정도밖에는 가지 않는다. 따라서 나무나 숲을 대상으로 한다면 위에서 언급한 지효성 고형비료를 사용하는 것이 좋다. 나무 종류에 따라 다르지만, 일반적으로 적정한 토양 비옥도는 〈표 3〉을 참조하면 된다.

<표 3> 일반적인 수목(활엽수) 생장에 적당한 토양의 화학적 특성

유기물(%)	pH	질소(%)	유효인산(ppm)
3.0 이상	5.5 ~ 6.5	0.25 이상	60 이상
칼륨(cmol/kg)	칼슘(cmol/kg)	마그네슘(cmol/kg)	양이온치환능력(CEC)
0.25 이상	2.5 ~ 5.0	1.5 이상	12 ~ 20

05 지혜로운 주연(主演)

　한자(漢字)의 인간(人間; 사람 인, 사이 간)에서 인(人)은 둘이 기대고 있는 모습을 뜻하며, 사이 간(間)이 포함된 것은 사람 사이의 관계가 매우 중요함을 강조하는 의미라고 한다. 우리의 삶은 다른 사람으로 인하여 많은 영향을 받으며, 주변 여건으로 인하여 활력이 떨어지는 등 환경의 영향을 크게 받는 존재이다. pH 7인 중성의 물도 순수한 물 분자만 존재하는 것이 아니라 적은 수이지만 수소이온과 수산화이온이 존재하는 것처럼, 삶의 여건에는 항상 갈등요소가 존재하고 있다. 그렇다면 이러한 상황에서 어떻게 살아야 할까? 장애물이 있을 때 가장 간단한 방법은 옆으로 피해서 통과하는 방법이라고 할 수 있지만, 대부분의 장애물은 우회할 수도 없는 상황이다. 이에 따라 많은 종류의 식물들은 pH 7이 아닌 pH 5.6에 적응하여 자라고 있음도 「주변 여건 파악」 항목에서 살펴본 바 있다. 정적(靜的)인 상태가 아닌 동적(動的)인 삶에서 주체적으로 살아가기 위해서는, 주변 여건을 고려하면서 자신의 행동할 바를 잘 찾는 지혜가 필요하다.

　토양은 지상 생태계와 맞닿아 있으면서 에너지와 물질교환이 계속 일어나고 있는 열린 공간이다. 특히 접촉면이라고 할 수 있는 지표면만이 아니라 지하로 직접 돌아다니는 두더지와 같은 소동물과 다양한 생물에 의하여 끊임없이 변화가 일어나고 있는 곳이다. 그런데 이처럼 토양과 지상 생태계를 연결시키며 다양한 변화를 만드는 주역은 돌아다니는 큰 동물이 아니라 제자리에 가만히 있는 듯 보이는 식물이다. 아울러, 눈에도 잘 띄지 않는 절지동물과 곤충, 그리고 미생물도 중요한 역할을 한다. 소동물은 땅을 파헤치는 등 눈에 띄는 물리적인 변화를 만들곤 하는데 그 파급효과는 불규칙하다. 반면, 눈에 보이지 않을 정도의 조용히 움직이는 존재들은 물리적인 면만이 아니라 화학적이고 생화학적인 변화를 만들며 생태계의 전반적인 흐름에 계속 영향을 미친다. 가끔 찾아오는 손님이 미치는 영향은 눈에 띄지만 지나가는 태풍과 같은 존재이다. 반면, 옆에 있으면서 잔잔하게 영향을 미치는 이웃사촌이나 동료의 영향력은 인식하기 어렵지만, 우리 삶의 전반적인 영역에 영향을 끼치고 있는 것과 비슷한 이치이다.

  대부분 식물은 토양에 뿌리를 박고 살아가므로, 식물은 지상과 지하 생태계를 연결해 주는 역할을 한다. 일년생 식물인 풀은 한 해만 이러한 역할을 하지만 나무는 여러 해를 한 자리에 머물면서 지상과 지하를 연결해 주고 있다. 이에 따라 나무뿌리는 지상과 지하를 연결하며 다양한 변화를 만드는 주역이 된다. 뿌리는 성장을 하면서 토양을 밀어내거나 뚫고 다니면서 흙 알갱이의 위치를 변화시킨다. 대부분의 잔뿌리는 한 해만 자라다가 죽어 썩으므로 그 자리에 유기물과 빈 공간을 제공하며 토양의 물리·화학적 성질에 변화를 일으킨다. 또한, 식물 뿌리 주변에 분포하는 다양한 미생물은 뿌리와 더불어 많은 변화요인을 제공한다.

  식물 뿌리 주변의 토양은 '근권(根圈; rhizosphere)'이라고 명명하는데, 뿌리가 없는 토양과 전혀 다른 생태적 특성을 보인다. 왜냐하면, 뿌리는 물과 양분을 흡수하기만 하는 것이 아니라 동시에 분비물을 배출하며, 이를 이용하려는 미생물이 모여들기 때문이다. 특히 뿌리와 인접한 몇 mm 이내 지역은 '근면(根面; rhizoplane)'이라고 불리며, 생화학 반응이 끊임없이 전개되고 있는 곳이다. 〈그림 10〉에서 볼 수 있는 것처럼, 잔뿌리의 끝에는 뿌리골무가 있고, 뿌리털 주변에는 각종 미생물이 모이는데, 이곳에 식물이 분비하는 물질이 많기 때문이다. 사람도 음식을 먹을 때 침이 튀길 수 있는 것처럼 식물도 물과 양분을 흡수할 때 물질을 분비하며, 뿌리가 성장하면서 표피와 외피세포가 녹는 현상이 일어난다. 이때 세균류가 식물체 내로 침입하여 뿌리에 병을 일으킬 수도 있으며, 식물에 도움을 주는 곰팡이류가 함께 살아가는 터전을 만들기도 한다.

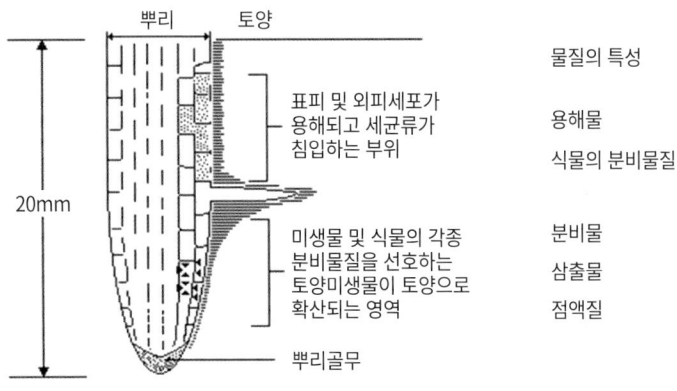

<그림 10> 토양 내 식물 뿌리 주변의 특성

식물 생장을 위해서는 광합성을 통해 포도당과 탄수화물을 생산하는 잎의 역할도 중요하지만, 물과 양분을 공급하며 첨병 역할을 하는 뿌리는 식물의 생존에 가장 중요한 역할을 한다고 할 수 있다. 지상부에

서 꽃을 피우고 열매를 맺는 일은 자녀들의 역할이라고 한다면, 땅속에서 열심히 영역을 확보하며 물과 양분을 공급하기 위하여 애쓰는 뿌리는 부모의 역할을 담당한다고 볼 수 있다. 뿌리가 물과 양분을 잘 공급하면 풍성한 생장을 이룰 수 있지만, 이 기능이 제대로 발휘되지 않는다면 말라 죽거나 영양 결핍으로 생존 자체가 불가능하게 된다. 뿌리의 생존전략은 다양한데, 물과 양분이 거의 없는 척박한 토양에서는 주변의 여러 미생물과 타협을 통해 공생하는 방안을 마련하기도 하며, 활동이 거의 없는 겨울철을 맞이하면서는 잔뿌리를 과감히 희생시키는 방법도 사용한다.

토양 내 존재하는 미생물과의 공생관계 형성을 통한 생존방식은 나중에 제4장의 「상생(相生)과 공생(共生)」에서 자세히 소개하겠다. 여기서는 우선 뿌리가 결단하는 행동방식을 소개하는데, 뿌리는 어려운 여건에서 자신을 희생하는 전략을 사용한다. 한 해를 마무리하는 시점에는 잔뿌리 대부분을 희생시키는데, 잔뿌리의 15% 내외만 중간 굵기를 거쳐 굵은 뿌리로 성장하고, 80% 이상의 잔뿌리는 겨울을 맞이하며 죽는다. 광합성을 위해 열심히 활동한 잎을 낙엽으로 떨어뜨리듯, 물이나 양분을 흡수하기 위하여 최선을 다했던 잔뿌리가 역할을 다한 후 장렬히 전사하는 모습이라 할 수 있다. 생장 정지가 이루어진 겨울철에 호흡하며 버틸 때 사용하는 에너지를 최소화하기 위한 전략이며, 지상부에서 낙엽이 지는 것과 같은 활동이 지하부에서도 진행되는 것이다. 잔뿌리가 죽어서 분해되면 이들은 다시 식물의 양분으로 사용될 수 있으며, 잔뿌리가 자라던 공간으로 물이나 공기가 들어오면서 토양에 더 많은 변화가 생긴다.

결혼은 두 사람의 만남이지만, 자녀를 통해 가족이 늘어나면 부부만이 아닌 또 다른 인간관계를 고민해야 한다. 자녀가 없는 상황에서도 양가의 부모나 친척들과의 관계를 잘 맺어가야 풍성한 가정이 될 수 있다. 양가의 부모나 친척들과 관계가 좋으면 서로 도움을 주는 관계로 갈 수 있지만, 제대로 소통이 되지 않고 오해가 생기면 질시와 반목으로 인하여 상당한 어려움을 겪게 된다. 오랜만에 친척이 만나는 명절을 기쁜 시간이 아니라 피곤한 시간으로 여기는 사람들이 제법 많은데, 가족관계가 원만하지 않기 때문이다. 사람들의 관계는 만남을 통해 발전하지만, 직접적인 대화를 통해 서로를 이해하기 전에 상대방의 행동을 살피며 선입견을 갖게 되는 경우가 많다. 따라서 좋은 관계를 형성하기 위해서는 선입견에 의한 오해를 풀며 대화를 하는 것이 중요하고, 때로는 대화의 기술과 상황에 맞는 행동이 필요하다. 특히, 문제가 생겼을 때는 누군가 나서서 일을 해결해야 하는데, 때로는 주역이 되는 사람의 지혜와 희생이 필요하다.

결혼 후 얼마 지나지 않은 명절에 부모님 댁에 방문했을 때의 일이다. 부모님과 우리 부부가 식사를 마친 후 부모님은 거실에 머물러 계셨고, 나는 아내와 더불어 설거지를 하였다. 문득 주방에 오신 어머님은 내가 배우자와 함께 설거지하는 모습을 보시며, "설거지 솜씨가 장난이 아닌데! 집에서 설거지 자주 하는 모양이구나."라고 말씀하셨다. 우리 부부는 신혼생활을 미국에서 시작하여 부부가 함께 집안일을 하는 것이 자연스럽다. 함께 설거지하는 것도 예외는 아니지만, 부모님 세대는 설거지가 아내의 역할이라고 생각하시는 상황이었다. 속으로 아차 싶었고, 설거지를 슬그머니 그만두며 "아니에요. 오늘은 특별히 설거지 양이 많아서 시간을 절약하려고 조금 도와준 거예요."라고 말씀드렸다. 하지만, 어머님에게서 다시 돌아오는 말씀은 "아니야, 설거지 솜씨가 보통이 아닌 것 같아!"라며 아내를 살짝 쏘아보시는 눈초리가 느껴졌다. 내 행동으로 인하여 아내에 대한 어머님의 오해가 생기는 순간이었고, 이는 며느리가 아들을 힘들게 한다는 시어머니의 본능적인 반감이었다.

"엄마, 제 전공이 뭔지 알잖아요. 제가 미생물을 다루는 사람이에요. 실험실에서 실험용 기구를 닦을 때는 얼마나 깨끗하게 씻어야 하는데요. 저희는 세제도 희석해서 사용하고, 나중에는 증류수로 헹구고 또 멸균수를 사용해서 최종 세척해요. 그 습관으로 설거지를 하면 아마 모든 식기가 반짝반짝 윤이 날 겁니다." 오해를 해소하기 위해 변명을 늘어놓았지만, 어머님의 표정에는 여전히 완전히 불식되지 않은 오해가 남아 있었다. 이후 아내의 동의를 얻어 본가에 가면 주방에 얼씬거리지 않는다. 집에서는 설거지 솜씨를 자랑할 수 있지만, 굳이 어머니의 불만을 만들며 아내를 힘들게 할 수 있는 행동을 할 필요는 없다고 생각했기 때문이다. 재미있고 엉뚱하게도, 아내가 둘째 아이를 출산한 후 예정에 없이 우리 집을 방문하셨던 장모님은 깨끗이 설거지가 이루어져 정리된 식기를 보시고 사위의 설거지 솜씨를 칭찬하며 사위가 딸을 잘 도와준다고 생각하여 매우 기뻐하셨다. 같은 사건이 받는 사람에 따라 전혀 다르게 받아들여질 수 있다는 것이다.

사실, 시어머니와 며느리의 관계, 고부간의 관계는 두 사람의 연결고리가 되는 아들, 남편의 역할에 의하여 결정된다. 마찬가지로 장모와 사위의 관계도 두 사람의 사이에 있는 딸, 아내의 중재 역할에 의하여 전혀 다른 양상을 띨 수 있다. 근시안적인 욕심이나 행동으로 인하여 장기적으로 큰 피해를 낳을 수 있는 일이라면 소탐대실[22] 보다 사소취대[23] 하는 지혜로운 길을 선택하는 것이 바람직하다. 나무가 겨울을 맞이하며 과감하게 잔뿌리와 나뭇잎의 희생을 선택하는 것처럼, 피할 수 없는 어려움이 온다면 이를 위해 작은 희생은 기꺼이 할 수 있어야 한다. 특히, 결정권을 갖고 있거나 전체 흐름에 큰 영향을 주는 주연(主演)의 지혜로운 판단과 행동은 가정과 사회의 분위기를 바꾸는 결정적인 요소가 된다. 더욱 중요한 것은 시기인데, 우유부단함으로 명확한 행동방식을 정하지 못하여 머뭇거리면, 뜻하지 않았음에도 불구하고 호미로 막을 수 있는 것을 가래로도 못 막는 사태가 벌어질 수 있다. 인생은 끊임없는 선택의 연속이고 가보지 않은 길에 대하여는 미련이 남을 수밖에 없지만, 지혜로운 주연이 되기 위하여 늘 넓은 시각으로 과감하게 결단할 수 있는 역량을 키워야 한다. 지상부와 토양생태계를 연결하는 주연의 위치에 선 뿌리가, 때로는 과감한 희생도 선택하며 미래를 위해 투자하는 지혜로운 모습이 우리 삶에도 멋있게 반영될 수 있기 바란다.

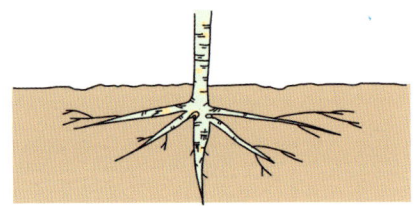

---

22) 소탐대실(小貪大失) : 바둑에서 자주 언급되는 기훈(棋訓)의 하나로 작은 집을 탐내다가 큰 집을 잃게 된다는 뜻이다.

23) 사소취대(捨小取大) : 소탐대실의 반대말로, 작은 것을 버리고 희생시키면서 큰 것을 취하여 얻는다는 뜻이다.

06
작지만 큰 역할을 하는 존재

    나는 산림과학에 눈을 뜨면서 숲의 전반적인 성장과 쇠퇴 등 생태학적 흐름에 관심을 갖게 되었고, 숲의 대표적 구성원인 각 나무의 생장을 공부하게 되었다. 나무의 생장은 광합성이 초석이 된다고 할 수 있지만, 광합성을 위해서는 물과 양분을 공급하는 뿌리와 그 터전이 되는 토양이 중요한 역할을 한다고 생각하게 되었다. 또한, 식물 생장에 영향을 주는 각종 이온의 움직임 등을 공부하면서 토양 속에서 변화의 주역이 미생물임을 알게 되었다. 이에 따라 토양미생물을 제대로 이해하여야 토양의 동태를 파악할 수 있다는 것을 깨닫게 되었고, 토양미생물의 역할을 연구하게 되었다.

    미생물(微生物)은 매우 작은 생물이라는 뜻인데, 원칙적으로는 맨눈으로 확인할 수 없는 수준의 몸집을 지닌 생물을 지칭한다. 원칙적이라는 표현을 사용한 것은 이들을 배양하면 다양한 형태와 색을 지닌 콜로니(colony)[24]를 형성하여 맨눈으로 식별할 수 있는 수준에 이르기도 하며, 곰팡이류 중에는 버섯을 만들어 사람들이 쉽게 확인할 수 있는 수준으로 자신을 드러내는 존재도 있기 때문이다. 아무튼, 미생물은 동물이나 식물보다 훨씬 작은 크기를 지닌 존재들이므로 연구 대상조차 되

---

24) 콜로니(colony) : 여러 개체들이 모여 하나의 생물체처럼 이룬 집단

지 않았다. 하지만 1676년 렌즈 가공을 취미로 삼던 루벤호크(Antonius van Leeuwenhoek; 1632~1723)가 발명한 현미경(顯微鏡)이 획기적인 전환점을 제공한다. 루벤호크는 현미경을 이용하여 평소에 볼 수 없던 생물의 존재를 처음 밝히고, 이를 토대로 로버트 후크(Robert Hooke; 1635~1703)는 미생물의 존재를 세상에 알린다. 그러나 뛰어난 업적 이후에도 미생물 연구는 거의 진척이 이루어지지 않다가, 약 200년이 흐른 19세기 후반에 이르러 파스퇴르(Louis Pasteur; 1822~1895)가 미생물학의 기초를 놓게 된다. 파스퇴르 이후 발효에 관련되는 효소 연구가 조금씩 증가하며 미생물 효소학이 인기를 누리게 되었다. 이후 토양미생물 분야에서도 질산화 세균, 균류와 식물의 공생관계 등이 연구되었지만, 본격적인 토양미생물 연구는 20세기에 이르러 전개되었다.

　토양미생물 연구를 하던 시절, 밤나무를 연구하는 팀에서 협조 요청이 왔다. 밤나무 밭의 토양에 활성탄(活性炭)[25]을 섞었더니 밤 열매 크기가 커지고 생산량이 많아지는 효과를 얻을 수 있었는데, 활성탄이 어떤 역할을 했는지 해석해 달라는 요청이었다. 활성탄의 특성을 고려하면 토양 내 수분이나 공기의 흐름을 도와주는 물리적 성질 개선 효과는 있을 수 있지만, 밤 열매가 많이 맺히는 것은 영양성분 등 화학적인 변화를 통해서 가능하다. 따라서 활성탄 처리 후 토양 내 각종 양분의 변화를 조사하였는데 뚜렷한 차이를 발견할 수 없었다는 것이다.

　식물 생장에 영향을 미치는 질소, 인산, 칼륨 등의 성분에 대하여 분석하였으나 변화가 없는 것으로 나와서, 밤 생산량이 왜 늘어났는지 설

---

[25] 활성탄(活性炭) : 흡착성이 강하고 구성 성분의 대부분이 탄소이며, 흡착제나 탈색제로 사용된다. 목재나 갈탄 등을 염화아연 등의 약품으로 처리, 건조하여 만든다.

명할 수 없다는 항변이었다. 그런데 자료를 살펴보니, pH가 다소 높아진 것을 확인할 수 있었다. 이에 따라 앞서 「주변 여건 파악」에서 설명한 것처럼, pH가 증가함에 따라 토양 내 양분의 활용성이 좋아지면서 필요한 양분의 임계점(tipping point)에서 효과를 발휘했을 수도 있다고 설명하였다. 하지만, 연구팀에서는 이러한 가설을 입증할 수 있는 데이터가 없으니 토양미생물의 역할을 고려하여 분석해 달라고 다시 부탁해 왔다. 바쁜 여건이었기에 거절하고 싶었지만, 은근한 호기심이 발동하여 토양을 보내주면 비교해 보겠다고 하였다.

  연구를 진행하면서 때로는 직접 현장에 가지 못하고 다른 연구자에게 부탁하여 대신 조사를 하거나 시료(試料; sample)를 수집하기도 한다. 단, 정확한 조사를 위해서는 정밀한 지침에 따라 시료를 채취해야 한다. 밤나무의 수분이나 양분 흡수 활동과 관련되는 미생물의 활력을 측정하려면 앞서 설명했던 근권(根圈)의 토양을 대상으로 분석해야 한다. 즉, 잔뿌리가 분포하고 있는 곳의 토양을 채취하여야만 하는데, 〈그림 11〉

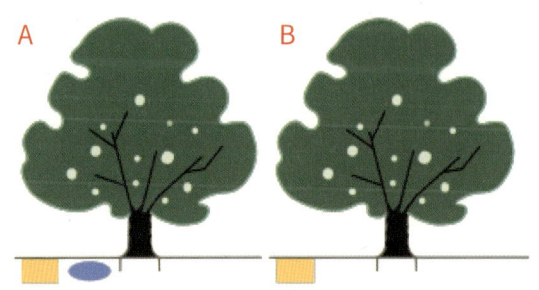

〈그림 11〉 밤나무 아래의 토양 시료 채취 장소 모식도
※ 직사각형 부분은 잔뿌리, 타원형 부분은 주로 굵은 뿌리가 분포함.

에 나타낸 모식도처럼 잔뿌리는 나무줄기에 가까운 곳에 분포하는 것이 아니라 나무갓(수관)의 바깥 부분에 주로 분포한다.

토양미생물 활력 비교를 위하여 사용한 방법은 토양 내의 '인산 가수분해 효소'의 활성이었다. 배양을 통하여 실제 존재하는 미생물의 숫자를 비교할 수 있지만, 배양에 필요한 시간을 절약하고자 미생물의 활동결과로 생산된 효소의 양을 평가하는 효소 측정법을 선택한 것이다. 밤의 열매 맺음이 좋아졌으므로 열매 형성에 중요하게 관여하는 ATP[26] 활력과 관련되는 효소를 검토대상으로 삼았는데, 특히 ATP의 주요 구성 요소인 인산(P)을 식물이 이용하기 쉬운 형태로 바꿔주는 미생물의 활력을 평가하였다. 바쁜 일정이었기에 밤을 새워 실험을 한 결과, A 나무 아래의 효소 활성은 500unit, B 나무 아래의 효소 활성은 2,000unit으로 나왔다. 결과를 전달하였는데 반응은 두 개의 결과가 뒤집혔다는 것이었다. A 나무 아래에 활성탄 처리를 하였으므로 B 나무 아래 토양보다 A 토양에서 효소 활성이 더 높게 나와야 하는데 시료가 바뀐 것 아니냐는 반응이었다.

밤늦게 피곤한 상태에서 실험한 것은 사실이지만, 실험을 직접 하였기에 시료가 바뀌지 않았음을 확신하는 입장에서 원인을 분석하기 시작하였다. 밤나무밭에는 비료를 많이 주기 때문에 일반적인 산림토양에 비하여 pH가 낮은 편이다. 이에 따라 미생물의 활력이 떨어지고 그 결과 효소 활성도 낮다. 예상한 것처럼 대상지의 효소 활성은 매우 낮았는데, 문득 토양 시료 채취를 잘못했을 수도 있겠다는 생각이 들었다. 그래서 다시 문의하며 〈그림 11〉의 사각형으로 표시된 곳에서 토양을 채취한 것

---

[26] ATP : adenosine triphosphate의 약자로 모든 생명체 내에 존재하는 유기화합물이다. 생명 유지 활동을 위해 필요한 에너지는 인산화 과정을 통해 전달되는데, 이때 전달자 역할을 하는 것이 ATP이다. 즉, ATP 합성반응은 생명체의 유지에 있어서 필수적인 반응이다.

인지 확인하였다. 혹시나 하는 마음으로 문의한 결과, A는 타원형 부분에서 시료를 채취했다는 답이 왔다. 처리를 타원형 부분에 하였으므로 처리한 곳의 토양을 채취했다는 것이다. 〈그림 11〉에서 설명하고 있듯이, 타원형 부분은 잔뿌리가 아닌 굵은 뿌리가 주로 분포하는 부분이다. 이곳은 잔뿌리가 거의 없으므로 미생물이 거의 분포하지 않는다. 〈그림 10〉에서 설명하였지만, 잔뿌리 부근의 근권(根圈)에만 미생물이 모여 있는데, 토양미생물의 입장에서는 근권 이외의 지역은 양분의 사막지대라고 할 수 있다. 식물의 굵은 뿌리는 지주(支柱) 역할을 하는 중요한 존재이지만 미생물의 입장에서는 무미건조한 존재이다. 반면, 잔뿌리는 다양한 물질 이동을 촉발하는 존재이므로 잔뿌리 주변인 근권에 미생물이 많이 분포한다.

이러한 내용을 설명하고, 토양시료를 다시 채취해 오도록 부탁하였다. 결국 다시 분석한 결과는 A 나무 아래의 효소 활성은 5,000unit, B 나무 아래의 효소 활성은 2,000unit으로 분석될 수 있었다. 잔뿌리 주변의 효소 활성이 굵은 뿌리 주변의 효소 활성(당초 500unit)에 비해 10배가 된다는 것을 확인할 수 있었고, 밤 열매가 굵어지고 생산량이 많아진 것은 활성탄 처리가 토양미생물의 활동에 영향을 준 결과라는 것으로 결론지을 수 있었다. 즉, 토양의 이화학성 변화를 목표로 처리하였지만 토양 특성 변화는 크지 않았던 반면, 토양에 존재하는 보이지 않는 작은 존재(미생물)에 의하여 큰 변화가 생겼다는 것을 보여주는 결과이었다.

비록 작지만 큰 역할을 하는 미생물처럼, 우리 삶에서도 작은 듯이 여겨지지만 실제로는 큰 역할을 하는 존재들이 많이 있다. 멀리 있는 친척보다 가까이 있는 이웃사촌의 도움이 크며, 과거 친했던 친구보다 지금 딱히 내게 도움을 주는 것이 없는 듯이 여겨지는 직장동료나 가까이 사는 친구가 삶에 큰 영향을 준다. 문득, 잘 보이지 않고 제대로 느껴지지 않지만 숨겨진 보물이 내 가까이 존재하고 있음을 깨달으며 주변을 돌아보아야 하겠다는 마음이 든다.

07
신(神)은 디테일에 있다

    육상생태계를 대상으로 생태학을 연구하는 사람들이 결코 부정할 수 없는 것은 토양이 육상생태계의 바탕이며 주역이라는 것이다. 하지만, 우리나라의 대학교에 토양학과가 없는 탓인지 토양을 깊이 연구하는 사람은 별로 없다. 토양과 관련되는 연구는 대체로 정밀하게 분석되지 않고 상식적인 수준에서 정리하고 추정되는 경우가 많다. 토양을 다룬다고 해도 개괄적인 수준에서 언급할 뿐, 정확한 기제(機制; mechanism)를 설명하는 전문가는 찾기 어렵다. 다양한 요소가 관련되어 있으므로 단순한 논리로 설명할 수 없는 면도 있지만 정밀하게 접근하는 방법을 잘 모르기 때문이라는 생각도 든다.

    연구 결과를 논문으로 발표하게 될 때 심사하는 사람들이 가장 눈여겨보는 것은 논리적인 타당성이다. 특히 실험을 통해 나온 연구 결과라면 그 결과의 재현성(再現性)[27]이 반드시 담보되어야 한다. 누가 실험을 하더라도 같은 결과가 나온다는 것을 입증할 수 있어야 논문이 받아들여지는데, 토양은 변이가 클 수밖에 없으므로 철저하게 설계된 실험 과정에 따라 제대로 시료를 채취하지 않으면 실험하는 시기나 사람에 따라 다른 결과를 얻게 된다. 즉, 실험과정에서 적절하고 정확한 측정 방법을 채택하지 않으

---

27) 재현성(再現性) : 동일한 방법으로 동일한 측정 대상을, 측정자, 장치, 측정 장소, 측정 시기의 모든 것, 또는 그 중 어느 하나가 다른 조건에서 측정하였을 때 각 측정치가 통계적인 범위 내에서 일치하는 성질

면 자료를 해석할 수 없는 수준에 이르기 쉬우므로 정확한 표본(標本) 추출부터 철저한 분석까지 차곡차곡 살펴보아야 한다.

앞서 이야기했던 토양 효소 연구에서도 담당자는 두 시료가 바뀐 것으로 판단되니 숫자를 바꾸어 처리하자고 제안하였다. 하지만 나는 정확하게 확인하고 싶었고, 그 과정을 통하여 제대로 된 수치를 도출할 수 있었다. 두 시료의 결과 수치를 바꾸어 처리하면 상대적인 값을 보고 논리를 만들어낼 수 있지만, 해당 토양의 효소 수치가 실제보다 훨씬 적은 값으로 표현된 오류를 담은 데이터로 남게 된다. 최근 빅데이터(big data)가 중요한 화두가 되고 있다. 그런데 정확한 데이터가 입력되어야 제대로 된 결과를 출력할 수 있는데, 부정확한 자료(쓰레기)가 들어가서 이해되지 않는 결과(쓰레기)가 생산되는 경우도 많다는 푸념이 종종 들린다. 이제까지 보고된 자료에 많은 오류가 포함되어 있음을 개탄하는 목소리이다. 쌓여있는 잘못된 자료가 사실이 아님을 명확하게 정리하여 제거해 주지 않는 한, 최근 신적(神的) 지위를 확보하게 된 빅데이터(big data)와 인공지능(AI; artificial intelligence)을 통해서 진실을 설명하는 것이 불가능하게 된 것이다.

선무당이 사람 잡는다는 말이 있다. 잘 모르는 일을 아는 척하고 덤볐다가 그르쳤을 때 흔히 사용하는 말인데, 선무당은 섣부른 무당이라는 뜻이다. 정확히 알지 못하는 상황에서 섣부르게 결론을 내었다가 낭패당하는 경우가 많은데, 특히 전문가라는 타이틀을 지닌 사람들이 범하는 실수는 전문가를 믿는 사람들에게 치명적일 수 있다. 사람에 대하여도 겉모습만 보고 섣불리 판단하지 말아야 하는 것처럼, 복잡한 토양을 단편적인 지식으로 평가하면 십중팔구 실수하게 된다.

「양분수지 측면의 접근방식(DRIS)」에서 설명한 것처럼, 현재 토양이 지니고 있는 양분의 양이 얼마나 되며, 지상부에 있는 식물체가 필요로 하는 양분의 양은 얼마인가를 정확히 분석하고 공급하여야 효과를 거둘 수 있다. 특히, 경운을 통해 일정한 깊이까지의 흙이 거의 비슷한 상태인 경작지 토양과 달리, 자연계의 토양은 깊이에 따라 토양의 특성과 이온 동태가 변화한다. 〈그림 12〉에서 볼 수 있는 것처럼, 숲속 토양은 지상부에서 공급되는 낙엽과 매년 죽으면서 분해되어 토양 유기물로 유입되는 잔뿌리로 인하여 지표면 바로 아래 위치하는 A층에는 유기물과 질소가 많이 존재한다. 땅속으로 깊이 들어갈수록 그 양은 줄어들게 되는데, 전반적인 유기물이나 질소와 달리 다른 가용성 염류로 표현되는 칼륨(K), 칼슘(Ca), 마그네슘(Mg) 등은 지표면에서 잔뿌리가 많이 존재하는 깊이까지는 점점 줄어들다가 유효토심 아래에서는 다시 증가하는 모습을 나타낸다. 이러한 경향은 토양의 종류에 따라 다양하게 나타나며, pH도 식물이 양분을 많이 흡수하고 있는 부분에는 산성을 띠다가 유효토심 아래부터 C층에 이르는 깊이까지는 점차 증가하여 중성에 가까워진다. 이러한 pH의 변화는 각종 양이온의 동태에도 영향을 주므로 깊이에 따라 식물이 이용할 수 있는 양분의 양에 변이를 유발한다.

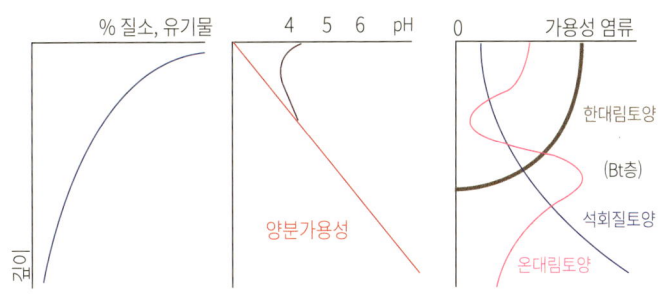

〈그림 12〉 숲속 토양의 깊이별 양분 및 pH 변화

따라서 토양의 상태를 이해하고 어떻게 관리하여야 할 것인가를 논의하려면 먼저, 땅을 파서 토양단면을 만들어야 한다. 단순히 깊이에 따라 겉토양과 속토양으로 토양 시료를 채취하는 것이 아니라, 토양단면에 따라 각 층위별로 구분하여 시료를 채집·분석하고 고찰하여야 한다. 양분을 얼마나 지니고 있는가를 알려고 하면 각 토양 각 층위의 두께와 밀도, 그리고 각종 양분의 농도를 각각 분석해서 종합하여야 한다. 하지만 대부분의 숲속 토양 연구가 층위별 변화를 고려하지 않고 농경지의 토양 연구방식처럼 윗부분의 토양만 분석하여 깊이를 곱한 값으로 양분량을 계산하므로 과대치를 얻게 된다. 최근 토양 내 탄소 축적량이나 각종 양분량을 계산한 자료가 소개되곤 하는데, 이러한 오류를 품고 있어서 많은 아쉬움을 자아낸다.

이미 작고하셨지만, 장인(丈人)은 농촌에서 수박과 무·배추 농사를 지으셨다. 여름이면 식구들이 함께 처가에서 휴가를 보내곤 하였는데, 가끔 농사를 도와 드리면 매우 기뻐하셨다. 대단한 일을 하는 것이 아니라 농약을 뿌릴 때 호스를 잡는 정도의 도움이었는데, 서울에 사는 사위가 와서 험한 농사를 돕는 것을 기특하게 여기셨다. 그런데 기왕이면 제대로 기쁨을 드리기 원했던 아내는, "당신은 박사님이잖아요. 다른 박사도 아니고 토양학 박사님인데, 다른 사람들과 달리 조금 더 과학적인 방법으로 농사를 도울 수 있는 것 아녜요?"라고 이야기를 꺼냈다. 대학교에서 강의할 때는 토양을 제대로 분석하면 어떤 비료를 얼마만큼 주어야 하는지 알 수 있다고 가르치지 않느냐? 막상 현실에서 문제를 해결하지 못할 이유가 있느냐는 지적이었다. 솔직하게 이야기하면 다소 당황했지만, 현장에 제대로 적용해 보자는 차원에서 문제를 풀기로 하였다.

처가의 농사는 봄에 수박을 키워 수확한 후 늦여름에 다시 김장용 무·배추를 짓는 방식이기에 윤작(輪作)이라고 할 수도 있다. 하지만 거의 매년 같은 형태로 이모작 재배를 하다 보니 지력(地力)이 떨어지는 현상이 나타나고 있었다. 이웃들도 대부분 같은 형태로 농사를 짓고 있었고, 지력 저하 문제를 해결하기 위하여 농업기술센터에서 권장하는 복합비료와 pH 여건을 개선하기 위한 석회질 비료를 주기적으로 뿌려주고 있었다. 일단, 문제를 해결하기 위해서는 토양을 조사하는 것이 우선이므로 땅을 파서 토심이 어느 정도 되는지 확인했다. 그리고 토양 시료를 채취한 후 분석을 의뢰하여 토양 내 주요 양분이 어느 정도 들어있는지 파악했다. 분석결과를 토대로 매년 심는 수박과 무·배추의 양을 감안하여 작물들이 필요로 하는 양분이 토양 내에 충분히 있는지 비교하였는데, 양분 대부분과 pH는 양호한 상태이었지만 마그네슘 성분이 약간 부족한 것으로 계산되었다.

분석 결과를 토대로 장인께 복합비료를 굳이 뿌릴 필요가 없고 마그네슘 비료(고토 비료)만 일정량 뿌려주면 좋을 것이라는 조언을 드렸다. 이듬 해, 다른 사람들에 비하여 장인이 경작하는 밭에는 복합비료가 아니라 특정 성분 비료만 뿌렸기에 비용은 적게 든 반면, 소출이 훨씬 많아져서 경제적인 이득이 매우 컸다. 성실하신 장인의 다른 노력과 기상 여건의 도움도 있었기에 정말 나의 분석과 처방만으로 나온 효과라고 할 수는 없다. 하지만, 처가 식구들에게는 '박사 사위 덕분'이라는 자랑거리가 되었다. 사실 작은 차이라고 할 수 있지만, 정확한 분석을 통한 정밀한 처방은 전문가의 가치가 제대로 발휘될 수 있도록 도와준다. "신은 디테일에 있다"는 말을 상기시키는 사건이었다.

08 적지적수(適地適樹)

결혼 후 단둘이 지낼 때는 부부싸움을 거의 하지 않았지만, 아이를 키우면서 의견대립이 자주 생겼다. 서로에 대하여는 양해한다고 하지만, 교육관이 달라서 자녀 양육법에 대하여 이견이 생기게 된 것이다. 배우자는 자애롭고 인내심이 강해 자녀들의 부족함을 감수하며 차곡차곡 단계별로 양육하는 스타일이었다. 반면, 나는 성격이 급하고 자녀에 대한 기대만 크다 보니 자녀에게 무리한 수준을 요구하는 경우가 많았다. 한 단계 앞서 나가기를 요구하는 나와 적정한 수준을 감안하며 천천히 나가야 한다는 배우자의 의견에 큰 차이가 있었다. 나는 토양을 연구하며 토양 상황을 고려하여 적정한 수준으로 숲을 관리해야 한다는 것을 강조하던 사람임에도 말이다.

외국 산림관계자 대부분은 대한민국의 국토녹화에 대하여 성공적이라고 생각하며 부러워한다. 하지만, 숲에서 많은 혜택을 누리길 기대하는 우리나라 사람들은 쓸모없는 나무를 심어서 숲이 별로 가치가 없다고 이야기한다. 아까시나무나 리기다소나무, 오리나무 등 비싼 목재로 이용되기 어려운 나무들이 많이 심겨져 있는 모습을 보며 비판하는 것이다. 하지만, 이는 앞서 내가 어린 자녀에게 훨씬 성숙한 모습을 요구하던 것과 비슷한 오류를 낳고 있다.

남북관계가 비교적 원만한 시절의 이야기이다. 북한에서 산림을 연구하는 사람들과 중국에서 만나서 산림복원을 포함하여 산을 어떻게 관리할 것인가에 대해 조언할 기회가 있었다. 북한의 산림 실무자들은 단기간에 보물산(수익을 많이 제공하는 산)을 만들기 위해 어떤 나무를 심어야 하는지 문의가 많았다. 고위층에서는 유용한 열매를 생산하거나 단기간에 성장할 수 있는 좋은 나무를 개발하라는 요구가 많다고 했다. 특히, '비타민나무'는 김일성 주석이 극찬했던 나무이기에 많이 심고 있는데 제대로 자라지 않고, 결실이 되지 않으니 이를 해결할 방법이 없는지 도와 달라는 것이었다.

현실감을 느낄 수 있도록 중국에서 '비타민나무'를 많이 재배하고 있는 지역에 직접 방문하여 현장을 보며 대화를 나누었다. 넓은 지역에 비타민나무가 자라고 있었는데, 어느 지점은 비타민나무가 열매를 많이 맺으며 잘 자라는 반면, 어떤 지점은 생장조차 제대로 하지 못하고 있음을 볼 수 있었다. 일단, 나무가 생장을 위해서는 기본적인 수분 조건이 좋아야 하고, 열매를 맺기 위해서는 에너지원[28]이 충분해야 하므로 이에 관계되는 인산질 비료 성분이 충분해야 함을 설명했다. 산에 비료를 공급할 수 없는 여건에서 무리하게 생존이 어려운 나무를 심는 것보다 일단 척박한 여건에서도 살아남을 수 있는 식물이 먼저 자라면서 토양이 안정화될 수 있도록 하는 것이 필요함을 설명했다. 즉, 토양의 능력이라고 할 수 있는 지력(地力)을 먼저 평가한 후 적지적수(適地適樹)[29]를 해야 함을 역설했다. 당 간부들이 자신들의 말을 듣지 않으니 직접 설

---

[28] 에너지원 ; 세포 내에서 영양성분을 에너지로 바꾸기 위해 필수적 요소인 ATP(adenosine triphosphate) 형성을 위한 재료를 의미하며, 특히 인산(phosphate)은 그 핵심 물질임
[29] 적지적수(適地適樹) ; 적당한 땅에 적당한 나무를 심는다는 의미로, 토양을 포함한 여건을 종합적으로 고려하여 생존이 가능하고, 생장이 잘 이루어질 수 있는 수종(樹種)을 선택하여 조성함

명해 줄 수 없겠느냐고 푸념을 했는데, 북한의 산림토양을 제대로 조사하여 적지적수도를 만들어야 한다고 설명했다. 우리나라의 국립산림과학원이 제공하고 있는 「간이토양도」에서는 우리나라 모든 산림의 지력을 평가하여 5단계로 구분하고 있다. 1~2등급은 우수, 3등급은 보통, 4~5등급은 불량으로 구분한 후 1~2등급의 땅에만 수익성을 고려한 조림을 권장하며, 기타 등급의 산지에는 생존이 가능한 나무 종류를 우선 추천한다.

2022년 세계산림총회에 참석했던 키르기스스탄의 산림청장과 산림과학원장을 만났을 때도 비슷한 대화를 나누었다. 키르기스스탄의 대통령이 대한민국을 본받아 고속도로 주변을 녹화하도록 지시했는데, 나무를 심었지만 계속 죽고 있으니 도와달라는 것이었다. 나는 우리나라도 과거에 많은 나무를 심었으나 실패를 경험했고, 그 이후 토양조사를 통해 지력을 평가한 후 산에 버틸 수 있는 나무부터 심는 적지적수를 통해 성공할 수 있었음을 설명했다. 특히, 매우 척박한 토양에는 일단 비료목(肥料木; fertilizer tree)이라고 불리는 질소고정 식물을 우선 심었음을 설명했다. 초본류와 더불어 싸리, 아까시나무, 오리나무 등이 많은 비판 속에서도 우선 도입되었고, 이후 토양이 안정화된 후에 다른 나무들도 점차 심을 수 있게 되었음을 설명했다.

어떤 외국인들은 우리나라도 실패를 경험했다는 이야기를 들으면 놀라곤 한다. 하지만 실패를 경험한 후 다시 차곡차곡 접근하여 결국 결실을 맺은 사례는 매우 많다. 우리나라가 중국이나 몽골에 조림을 돕기 위해 나갔을 때도 지역 주민이나 정부 관계자들은 단기간에 산림이 쓸모있는 모습으로 변화하기를 기대했다. 하지만 쓸모에 앞서 생존이 우선이며, 안전을 확보한 후에 풍요를 꿈꾸는 것이 적절한 수순(手順)임을 강조한다. 1960년대 미국이나 유엔의 대한민국 산림에 관한 보고서를 살펴보면 가망이 없는 나라로 평가된다. 전쟁으로 인해 극심하게 황폐화되고 가난으로 인해 산림을 관리할 여력이 없다는 평가였다. 이러한 평가는 현재 아프리카를 포함한 많은 개발도상국에 마찬가지로 적용되는 내용이다. 하지만, 50년이 지난 지금 대한민국은 세계인이 부러워하는 국토녹화 성공국이 되었고, 많은 나라가 벤치마킹하고 있다. 그 시작은 토양조사를 통한 단계별 이행이었고, 첫 숟가락에 배부를 수 없다는 진리를 확인시킨 결과이다. 천리 길도 한 걸음부터 진행되며, 티끌 모아 태산을 이루는 성실함을 강조하는 우리의 속담은 토양 속에 담긴 귀한 지침이다.

제 4 장

토양과 현대사회

빈익빈 부익부
상생과 공생
보물찾기
간척(干拓)
선순환체계
근묵자흑(近墨者黑)

제 4 장

토양과 현대사회

  누누이 강조했듯이 토양은 한순간에 만들어지는 존재가 아니다. 다양한 형성요인들의 영향을 받으며 긴 시간을 통해서 현재의 모습을 갖춘 것이다. 또한, 그 모습이 영원히 그대로 유지되는 것이 아니라 그간 영향을 주었던 것과 비슷한 요인들에 의하여 끊임없이 영향을 받으며 계속 변화한다. 이러한 모습은 토양만이 아니라 인간세계에도 똑같이 적용될 수 있다. 즉, 자신의 삶을 영위하기 위해 치열하게 살아가는 모든 사람에게 적용된다고 할 수 있다. 특히 존경받는 리더들을 살펴보면, 정말 한순간에 만들어진 것이 아니라 끊임없는 성장 과정을 통해 그 자리에 도달할 수 있었음을 알게 된다. 더욱 긴장을 늦추지 못하게 하는 사실은, 현재의 모습이 끝이 아니라 계속 변화할 수밖에 없다는 것이다. 어떤 사람은 더욱 발전하는 모습을 보이지만 어떤 사람은 한순간의 실수로 인하여 추락의 길로 접어드는 경우도 많이 있다.

  우리 선조들의 역사와 문화를 살펴보면, 자연계에서 발견할 수 있는 각종 원리를 읽어내고 그 원리를 삶에 적용해 가는 지혜로운 모습이 많았음을 깨닫는다. 특히, 불교(佛敎)와 선교(仙敎)의 영향을 많이 받은 탓인지, 자연의 흐름을 이해하며 삶의 지혜를 찾아 후배들에게 제시한 현인(賢人)들이 많았다. 그런데 매우 슬픈 사실은, 과학 문명이 발달

했다고 하는 현대 후손들이 문화재로 일컬어지는 과거의 조상들이 만들었던 건축물을 제대로 보존하거나 보수하지 못하는 경우가 많다는 것이다. 현대적인 방식으로 복구한다고 하면서 오히려 망가뜨리는 경우가 다반사이다. 짧은 식견으로 자연을 읽고 해석하려고 하지 말고, 심사숙고하며 자연이 우리에게 가르쳐주는 것을 깨달아야 한다는 생각이 종종 든다.

전통 생활방식 가운데에는 자연의 지혜를 정말 이해하고 적용했을지 의문이 들 정도로 놀라운 경우도 있어서 조상들의 지혜에 탄복하게 된다. 반지하 형태로 토양과 돌의 구조적인 역학을 잘 이용했던 석빙고(石氷庫)의 모습, 토지 이용 형태에서 마을 입구에 숲을 만들어 바람이나 물의 흐름을 조절하고자 했던 모습 등을 보면, 과거 우리 조상들이 자연의 이치를 해석할 줄 알았던 것으로 생각된다. 섣불리 자연을 극복하려고 무리수를 두기보다는, 순응하기 위하여 자연을 더욱 자세히 탐구했을 것이라 여겨진다. "해 아래 새것이 없다."는 성경구절[30]이 있는데, 삶의 지혜는 역사와 자연을 통해서 얻을 수 있다. 토양은 자연의 대표라고 할 수 있는데, 이 장에서는 토양을 통해 깨닫게 된 삶의 지침, 토양이 알려주는 사회현상을 소개한다.

---

30) 전도서 1장 9절(표준 새번역 성경) : 이미 있던 것이 훗날에 다시 있을 것이며, 이미 일어났던 일이 훗날에 다시 일어날 것이다. 이 세상에 새것이란 없다.

01
빈익빈(貧益貧) 부익부(富益富)

사계절이 뚜렷한 지역에 사는 생물들은 가을이 되면 겨울을 준비한다. 겨울은 인고(忍苦)의 시간으로 여겨질 수 있지만, 한편으로는 휴식의 시간이라고 할 수 있다. 내년 봄에 또 다른 한 해를 시작할 수 있도록 잠시 쉬면서 역량을 강화하는 기간이다. 일년생 식물과 달리 여러 해를 살아가는 나무는 이러한 자연의 흐름을 이해하고 적응하며 가을부터 다음 해 봄을 준비한다. 사람들은 가을 산에 펼쳐지는 형형색색의 단풍을 보며 성숙한 여인의 뒷모습과 같은 아름다운 자태라고 감탄할 수 있지만, 사실 나무들은 이 순간에도 치열한 활동을 통해 내년의 삶을 준비한다.

지상에서는 낙엽이 지기 전에 나뭇잎에 들어있던 다양한 양분을 나무줄기로 이동시켜 축적한다. 지하에서는 뿌리 가운데 15% 내외만 굵은 뿌리로 변신을 꾀하고, 나머지 80% 이상은 생을 마감하며 후배를 위해 그 자리를 양보한다. 긴 겨울을 버티며 소모되는 에너지를 줄이기 위해 잎과 뿌리를 정리하는 결단을 내리는 것이다. 나무줄기와 굵은 뿌리로 양분을 축적하여 내년 봄에 도약하리라 다짐하는 시간이 나무가 보내는 가을이다. 이처럼 나뭇잎의 양분을 나무줄기에 축적하는 메커니즘을 '체내전이(體內轉移; retranslocation)[31]'라고 하는데, 나무들은 남들이 모르

---

31) 체내전이(體內轉移; retranslocation) : 양분 재분배라고도 하며, 식물체 내에서 양분을 이동시켜서 추후 활용할 수 있도록 준비하는 메커니즘이다.

는 사이에도 열심히 일하고 있다. 인간의 시각으로 이용 측면에서 보면, 낙엽 활엽수의 나무줄기에 영양분이 가장 많이 들어 있는 시기는 늦가을이므로 이 시기의 나무줄기를 이용하여 버섯을 재배하면 생산성이 높다. 표고를 재배하는 사람들은 이 시기를 황엽기(黃葉期; 잎이 노랗게 물든 시기)라고 부르는데, 이 시기에 수확한 나무를 표고 원목 재배에 활용하면 비옥한 토양에서 농사를 짓는 것과 같은 효과를 거둘 수 있다.

그런데 모든 나무가 체내전이 활동을 활발하게 하는 것은 아니다. 나무가 자라고 있는 곳의 토양 여건에 따라 나무들의 체내전이 강도가 다르게 나타난다. 토양 내에 양분이 많은 곳, 즉 비옥한 토양에 자라고 있는 나무는 체내전이를 별로 하지 않고, 척박한 곳에서 자라는 나무는 체내전이에 정성을 다한다. 이러한 차이가 나타나는 것은 체내전이의 목적이 내년 봄을 준비하는 것이기 때문이다. 토양에 양분이 많이 있는 경우에는 내년 봄의 양분 조달에 대한 염려가 적으므로 적당한 수준으로 양분 저축을 시도한다. 반면, 토양에 양분이 적어서 내년 봄에 충분히 흡수할 수 있을지 염려하는 나무는 이미 보유하고 있는 양분을 최대한 재활용하기 위하여 나뭇잎의 양분을 줄기로 이동시키는데 정성을 기울인다. 언뜻 생각하면 당연하고 현명한 모습이라고 할 수 있는데, 나무의 이러한 활동이 토양생태계 전반에 큰 영향을 미친다.

체내전이가 활발히 일어난 나무가 지면으로 떨어뜨리는 낙엽에는 영양분이 거의 없다. 그러나 체내전이를 적당히 하고 나뭇잎을 지면(地面)으로 선물하는 나무의 낙엽에는 영양분이 많이 남아 있다. 그런데 이들 낙엽은 토양미생물에 의하여 먹잇감으로 활용되면서 분해되고 다시 식물이 흡수할 수 있는 양분이 되므로 순환 체제에 영향을 주게 된다.

비옥한 토양에서 영양분이 남겨진 낙엽이 지면으로 유입되면 이를 적극적으로 활용하는 미생물에 의하여 잘 분해된다. 그리고 다시 양분이 식물 뿌리에 의하여 재활용이 원활하게 이루어지는 선순환체제가 구축된다. 하지만, 척박한 토양에서 양분이 거의 없는 상태로 떨어진 낙엽은 지면에 도달해도 미생물에게 인기가 없으므로 분해되지 않고 쌓이게 된다. 쌓인 낙엽은 물이 땅속으로 들어가는 과정조차 어렵게 하며 나무가 잘 생장하지 못하는 악순환체계가 만들어진다. 토양 사회에서 빈익빈(貧益貧), 부익부(富益富)가 심화되는 현상이 낙엽이 지는 순간에 시작되는 것이다.

인간사회에서도 이처럼 초기여건의 차이로 인하여 양극화가 가속되는 사례가 많다. 경제적인 면만이 아니라 교육, 권력 등 다양한 분야에서 양극화 문제가 발생한다. 이를 해소하기 위한 배분의 문제, 평등의 문제는 사상 논쟁의 핵심 의제가 되기도 한다. 이러한 문제의 해결을 위하여 다양한 정책이 실행되었는데, 도농격차 해소를 위해서 보조금을 지급하기도 하며, 중소기업 진흥을 위한 여러 가지 지원정책도 추진된 바 있다. 하지만 정책효과가 뚜렷하게 나타나고 있다고 보기 어려운 것이 현실인데, 토양생태계를 살펴보면 시사점을 찾을 수 있다.

척박한 토양에 식물이 필요로 하는 성분을 담은 비료를 주게 되면, 일단 식물이 기쁨을 누리게 된다. 그런데 자세히 살펴보면, 식물(나무)을 고려하여 비료를 주었지만, 비료 성분에 대하여 식물만이 아니라 토양미생물도 달려들어 활용하고자 한다. 즉, 식물과 미생물이 양분에 대하여 경쟁을 하게 되는 것이다. 충분한 양이 공급되면 경쟁이 심하지 않지만, 식물이 필요로 하는 양만 고려하여 공급한 경우에는 식물과 미생물이 모두 결핍을 느끼게 된다. 미처 생각하지 못한 누출이 생긴 것이라 할 수 있는데 정확한 계산을 통해 공급하는 방식이 지닌 허점이라고 할 수 있다. 이는 식물만을 위한 시비(施肥) 활동일지라도 여유분을 함께 투입해야 원하는 결과를 얻을 수 있다는 것을 알려준다.

한편, 비료를 충분히 공급받았다고 해서 바로 나무의 행동이 변화하는 것은 아니다. 비록 봄과 여름에 충분히 생장할 수 있었다고 해도, 가을에 체내전이를 바로 느슨하게 하지는 않는다. 나무는 습관대로 여전히 강력한 체내전이를 하고, 토양미생물도 여전히 맛이 없는 낙엽에는 관심을 주지 않는다. 나무의 습관을 바꾸려면 최소한 3~5년간 비료를 투입하여 나무가 자신이 서 있는 토양 내에 충분한 양분이 있다는 인식을 하게 만들어야 한다. 결과적으로 시비효과(施肥效果)가 충분히 발효되었는지 확인하기 위해서는, 나무의 겉모습(생장 반응)이 아니라 나무의 인식이 바뀌었는지 확인하는 것이 중요하다. 체내전이를 심각하게 하지 않고 토양미생물이 환영할 수 있는 수준의 낙엽을 탈리(脫離; abscission)[32]시킨다면 나무가 생각을 바꾸고 선순환체계가 형성된 것으로 판단할 수 있다.

마찬가지로, 중소기업이나 농민이 버틸 수 있는 수준의 보조금을 지급하는 방식은 중소기업이나 농촌의 여건을 근본적으로 바꿔줄 수 없음을 시사한다. 생존을 위해 필수적인 요소를 갖추도록 하는 수준이 아니라, 가처분 소득이 증가했음을 인지할 수 있는 수준까지 지원이 이루어져야 한다. 하지만, 정부의 지원정책은 대체로 안정적인 수준에 이를 때까지 지원

---

32) 탈리(脫離; abscission) : 기관이탈이라고도 하며, 잎, 꽃, 과일 등의 기관이 그 기부에 이층이 분화되어 이탈되는 현상을 말한다. 효소에 의하여 세포 사이가 분리되거나 붕괴되며 발생한다. 낙엽을 떨어뜨리는 현상이 대표적인 모습이며 옥신, 에틸렌, 구연산 등의 농도에 영향을 받는다.

하는 것이 아니라, 초기 투자 비용의 일부만 지원하는 방식으로 이루어진다. 그런데 중소기업인이나 농민이 투자설비를 운영하려고 하면 막상 운영비가 없어서 투자된 설비가 기능을 발휘하지 못하고 멈춰 서는 경우가 많다. 한정된 재원으로 많은 사람에게 혜택을 주려고 하다 보니 어쩔 수 없다는 변명도 있을 수 있다. 하지만, 여러 곳에 다소 부족한 수준으로 나눠주는 방식보다는 선택과 집중을 통해 성공사례를 제대로 만들어가는 방식이 바람직하다.

지원을 멈추어도 되는지를 판단하는 방법도 생태계의 동태 파악 방법을 참고할 수 있다. 토양 양분의 선순환체제 도달 여부 판단은 낙엽을 수거하여 낙엽 내의 각종 양분을 분석하여 평가하게 되는데, 나무의 생장만이 아니라 탈리된 낙엽이 생태계에서 환영받을 수 있는 수준에 이르렀는지 파악한다.[33] 정책효과의 지속성에 대한 판단기준도 같은 방식을 적용할 수 있을 것으로 생각된다. 지원정책을 펼친 후 해당 사업의 초기성과로 판단하는 것이 아니라, 그 사업의 가치사슬이 제대로 구축되어 산업 연관 효과가 발휘되고 있는지 확인하여야 한다.

문득, 토양에서의 양분 활용이나 생장이 경제활동과 견줄 수 있겠다고 생각이 들자, '토양 경제학'이라는 용어를 생각해 보았다. 경제학은 인간의 경제활동에 기초를 둔 사회적 질서를 연구하는 사회과학이라고 정의된다. 이러한 정의를 토대로 '토양 경제학'을 정의한다면, 토양 생태계 구성원들이 펼치는 다양한 경제활동을 살펴보며 그 안에 펼쳐지는 사회질서를 연구하는 학문이라고 할 수 있겠다. 주요 경제변수로 수

---

[33] 낙엽이 생태계에서 환영받을 수 있는가에 대한 평가는 낙엽의 탄질비(탄소와 질소의 비율: C/N ratio)로 판단한다. C/N 비율이 15 미만이면 원활하게 분해가 이루어질 수 있는 여건이며 C/N 비율이 30을 넘으면 분해되기 어려운 여건으로 판단한다.

요와 공급 등을 언급하지만 결코 간과할 수 없는 중요한 요소가 사람들의 '심리'이다. 같은 이치로, 토양생태계의 동태를 살펴보면 각 구성 요소들의 관계가 만들어내는 '분위기'가 매우 중요함을 알게 된다. 생태계가 집 또는 가정이라는 단어에서 시작했다는 점을 감안하면, 토양 구성 요소들의 어우러짐과 동태가 인간의 삶에 시사하는 바가 큼을 다시 깨닫는다.

02 상생(相生)과 공생(共生)

　다양한 구성원이 어우러져 살아가는 생태계일수록 복잡한 관계가 형성된다. 서로 아무런 피해나 이익도 주는 것 없이 지내는 중립적인 관계(中立關係; neutralism)가 있고, 한 편에서는 일방적으로 혜택을 누리지만 다른 생물에 피해는 주지 않는 편리공생(片利共生; commensalism)의 관계도 있다. 각자의 영역을 확보하고 살아가며 다른 개체의 영향을 받지 않고, 다소의 이익을 다른 생물에게 주지만 자신에게 손해가 되지 않으므로 개의치 않는 관계이다. 하지만 생물 대부분은 서로 영향을 주면서 살고 있다. 쌍방이 혜택을 주지만 생존의 필수조건이 아닌 관계는 상조관계(相助關係; synergism)라고 하며, 쌍방이 혜택을 받는데 그 관계가 최소한 한쪽에서는 삶의 필수조건인 관계는 공생관계(共生關係; symbiosis, mutualism)라고 부른다. 현대사회에서 많이 사용하는 상생(相生)이라는 용어는 학문적으로는 상조관계를 의미한다고 할 수 있는데, 상조관계는 한쪽에서 마음이 바뀌면 언제 끝날지 모르는 관계이다. 그러므로 관계가 유지되기 위해서는 늘 서로에게 관심을 가지고 서로의 마음을 읽을 수 있어야 한다. 상조·상생관계의 파괴는 한 쪽에서는 다소의 이익이 사라지지만 다른 쪽에서는 이익이 커지는 관계인데, 손해를 보더라도 치명적인 문제는 아닌 경우이다. 반면, 공생관계의 파괴는 최소한 한쪽의 파멸을 낳을 수 있는 수준을 말한다. 편리공생의 관계는 이러한 경우를 대비하여 대체로 대안을 미리 마련하지만, 공생관계에서는 미처 대비하지 못하여 쌍방이 완전히 소멸되는 경우도 종종 발생한다.

토양생태계에서의 대표적인 공생관계는 식물 뿌리와 세균 또는 곰팡이의 관계이다. 토양에 수분이나 양분이 부족한 척박한 조건에서 이러한 관계가 잘 형성되는데, 수분이나 양분이 필요한 나무에게 세균이나 곰팡이가 관계 형성을 먼저 제안하는 것으로 여겨진다. 아까시나무나 오리나무 등은 척박한 토양에서 잘 버티면서 토양을 비옥하게 만들어 줄 수 있다고 해서 비료목(肥料木)이라고 부른다. 밭에서는 콩이나 알팔파와 같은 콩과식물들이 비슷한 역할을 하는데, 사실은 이들 식물이 칭찬받을 일이 아니라 이들과 공생하는 미생물이 그 역할에 대하여 칭찬받아야 한다. 콩과식물은 공중의 질소를 고정하여 식물이 이용할 수 있도록 하는 질소고정 식물로 알려져 있는데, 사실은 그들과 공생하는 세균이 식물 뿌리에 혹을 만들고 그 안에서 공중 질소를 식물이 사용할 수 있는 형태로 만든다.

콩과식물만이 아니라 거의 모든 식물이 미생물과 공생관계를 형성하고 있다. 이러한 공생관계의 대표는 '균근(菌根; mycorrhiza)'인데, 균(菌; 곰팡이)과 뿌리(根)가 함께 살아가고 있는 모습을 말한다. 식물 뿌리보다 더 가는 균사(菌絲; 곰팡이실)는 뿌리가 미처 갈 수 없는 곳까지 가서 물과 양분을 가져오고, 이를 식물체에 공급하면 식물은 이를 활용하여 광합성을 한 후 그 산물의 일부를 곰팡이에게 공급한다(그림 13 참조). 토양입자에 강하게 흡착되어있는 각종 이온을 식물 뿌리는 얻을 수 없지만, 곰팡이는 옥살산(oxalic acid) 등을 분비하여 녹여낸다. 이러한 방법을 통해 식물이 사용할 수 있는 양분으로 만들 수 있으므로, 곰팡이의 도움 덕분에 척박한 토양에서도 식물은 버틸 수 있게 된다. 또한, 균근을 만드는 곰팡이는 분해를 주된 생존 수단으로 하는 다른 곰팡이와 달리 유기물을 썩히는 역할을 군이 하지 않는다. 식물에게 각종 무기물(양분)을 공급하면, 광합성 산물인 포도당을 대가로 받아 자실체(버섯)도 만들 수 있기 때문이다. 즉, 두 생물은 공생을 통해 모두 효율적인 삶을 영위할 수 있게 된다.

<그림 13> 식물과 균근의 관계 모식도

생육 조건이나 식물 종류에 따라 균근의 형태나 특성이 다르다. 연평균 기온이 15℃~30℃ 범주에 있는 온대지역에서 자라는 참나무류, 너도밤나무, 자작나무와 침엽수류는 일반적으로 외생균근(外生菌根)을 만든다. 외생균근은 균사가 식물 뿌리의 세포 안으로 들어가지 않고 표피세포 사이에 있다. 광대버섯류(*Amanita*), 그물버섯류(*Boletus*), 송이버섯류(*Tricholoma*) 등 많은 버섯류가 공생균이며, 대체로 산성(酸性) 토양을 좋아해서 pH 4~6의 범주에서 공생을 잘 이룬다. 반면, 대부분의 작물과 난과 식물, 느릅나무, 단풍나무, 물푸레나무, 버드나무, 아까시나무, 오리

나무, 포플러, 호두나무 등은 내생균근(內生菌根)을 만든다. 내생균근은 균사가 식물 뿌리의 세포 사이와 더불어 세포 안에 들어가 살아가므로 그렇게 부른다.

균근이 형성되면, 공생관계를 맺지 않은 식물에 비하여 인산을 비롯한 각종 양분과 물의 흡수력 증대 효과가 커진다. 식물 뿌리가 곰팡이 균사와 연결되므로 잔뿌리가 길어지는 것처럼 되어 뿌리의 유효 표면적이 커지는 효과가 있기 때문이다. 또한, 뿌리의 표피세포를 감싸서 균사망(菌絲網; hartig net)이 만들어지면, 내열성(耐熱性), 내건성(耐乾性), 그리고 내병성(耐病性)이 커지는 부수적 효과도 발생한다. 덕분에 식물은 악조건에서도 생존이 가능하게 되는데 이를 활용하여 황폐된 숲을 복원하는데, 이 부분은 다음 이야기인 「보물찾기」에서 구체적으로 설명하겠다. 한편, 균근을 만든 곰팡이 입장에서는 다른 곰팡이와 달리 에너지와 양분을 식물로부터 공급받을 수 있으므로, 필요한 시기에 집중력을 발휘하여 번식할 수 있다. 가을철에 지면을 뚫고 나오는 각종 버섯이 그들이며, 대표적인 사례가 송이버섯이다.

그런데 모든 관계는 완전한 균형이 있을 수 없으며, 여건이 바뀌면 균형이 깨질 수 있다. 공생관계도 영원하지 않고, 여건의 변화에 따라 틈이 생기고 관계가 파괴되는 현상이 나타난다. 공생관계에서 다소나마 갑(甲)의 위치에 서 있는 식물이 조강지처(糟糠之妻)를 내치는 어리석은 행동을 통해 소탐대실(小貪大失)하는 경우가 종종 나타난다. 21세기 초, 서울을 포함한 대도시 인근의 아까시나무 잎이 노랗게 변하는 아까시나무 황화현상이 일어나고, 나무가 죽어가는 사태가 벌어졌다. 아까시나무 주변의 토양에는 특별한 양분 결핍이 없었고 병충해 피해도 없었지만, 아까시나무가 원인 모를 이유로 죽어갔다. 아까시나무는 콩과식물로 뿌리가 질소를 고정할 수 있는 세균류와 공생하며 공중의 질소를 양분으로 활용할 수 있으므로 척박한 토양에서도 잘 버틸 수 있는 식물이다. 그런데 토양도 비옥하여 영양분 측면에서는 전혀 문제가 없어 보이는 아까시나무들이 잎이 노랗게 변하는 황화현상을 보이며 죽어갔다. 다각적인 검토 끝에 발견한 것은, 황화현상이 심한 아까시나무는 질소고정 공생관계에 관여하는 뿌리혹이 온전하지 못하고 찌그러진 모습이 많다는 것이었다. 즉, 질소고정 세균과의 공생관계가 깨진 모습이었다.

아까시나무가 척박한 토양에서 자랄 때는 뿌리혹을 만들어 세균과 공생하며 살아가는 것이 필수요소이다. 하지만, 숲이 성숙하여 낙엽이 쌓이면서 토양이 비옥해지고, 대기오염의 심화와 더불어 질소산화물이 토양에 축적되면서 나무가 새로운 생존전략을 세운 모양이다. 굳이 질소를 고정하는 미생물과 공생할 필요성이 낮아짐에 따라 공생관계를 파기하는 것으로 결정하였고, 이에 따라 질소고정의 매개체가 되었던 뿌리혹은 파괴되는 현상이 나타났다. 그런데 아까시나무와 공생하는 세균이 단순히 질소고정에만 기여하는 것이 아니라는 점이 간과된 것이다. 미생물과의 공생관계는 식물 뿌리의 외피(外皮) 세포를 감싸주는 기능을 통해 병원성 미생물이 뿌리에 유입되는 것을 막고, 더위나 건조에도 잘 버틸 수 있는 부수적인 도움을 준다. 질소의 문제만 생각하여 공생관계를 파기함으로써 이러한 도움을 받을 수 없게 되었고, 봄철 건조가 심해진 순간에 아까시나무는 수분(水分) 대사에 큰 타격을 받아 황화현상과 고사(枯死) 사태가 벌어진 것이다. 물론, 나무의 나이가 많아짐에 따라 전반적인 활력이 떨어진 면도 있어서 앞서 설명한 원인으로 인하여 죽게 되었다고 단정짓기 어려운 면도 있다. 하지만, 이처럼 뿌리가 다른 미생물과 공생관계를 유지하다가 관계를 파괴한 이후 미생물이 먼저 떠나고 나중에는 나무조차 그 생태계에서 사라지게 되는 상황은 균근 관계에서도 관찰된다.

<그림 14> 지면 위의 송이버섯(좌)과 무당버섯 종류(우)

소나무가 척박한 토양에서 잘 버틸 수 있는 것은 송이와 같은 균류와 공생관계를 형성할 수 있기 때문이다. 그런데 자세히 살펴보면, 공생관계에서 다소나마 갑(甲)의 위치에 서 있는 소나무가 공생관계의 파트너를 바꾸는 모습을 찾을 수 있다. 매우 척박한 토양에서는 송이와 같이 오직 균근의 역할에 충실한 균류와 공생관계를 맺는다. 하지만, 숲이 성숙하면서 점차 토양이 비옥한 상황이 되면 송이와의 관계를 끊고 스스로 살거나, 광합성 산물 요구는 낮은 버섯과의 공생관계로 전이를 꾀하는 것으로 보인다. <그림 14>의 왼쪽에 있는 송이는 버섯 한 송이의 무게가 100g에 가깝지만, 오른쪽에 보이는 무당버섯류는 한 송이가 20g도 되지 않는다. 즉, 소나무 입장에서는 비용 효율적인 관계를 형성하기 위하여 파트너를 바꾸게 되고, 이에 따라 송이는 숲이 성숙하고 토양

이 비옥해지면 소나무 숲에서 사라지게 된다. 그런데, 송이는 공생관계를 맺을 수 있는 대상이 소나무에 한정되지만, 소나무와 새롭게 공생관계를 맺는 버섯류(예, 그물버섯류, 무당버섯류)는 소나무만이 아니라 다른 나무와도 공생관계를 맺을 수 있도록 적응된 종류이다. 이들은 소나무가 사라지게 되어도 살아남을 수 있는 종류로서, 송이와 달리 소나무에 절대 의존적이지 않다. 소위 갑을관계로 쉽게 설명하자면, 소나무와 송이의 관계에서는 소나무가 갑(甲)이라고 할 수 있지만, 이후 공생관계를 맺는 균류와 소나무의 관계에서는 소나무가 을(乙)로 변화되며, 소나무가 오히려 버림받는 상황으로 전개된다. 생태학적인 관점에서 보면 식생(植生)의 천이(遷移)에 앞서 균류의 천이가 먼저 나타나는 것을 볼 수 있으며, 결국 균류의 천이는 우점(優點)하는 식물의 변화도 이끈다는 것이다. 소나무가 자신의 단기적인 이익을 생각해서 송이와의 관계 단절을 결정하지만, 이 판단은 소나무의 존재 기반을 잃어버리는 결과로 귀결될 수 있다.

인간사회에 적용해 본다면, 우리의 삶에서도 영원한 공생관계는 없다. 혹시 상생의 관계가 있다고 할지라도 시시각각으로 변화하는 여건에서 어제의 친구가 오늘은 적이 되는 경우가 많은 것이 현실이다. 그런데 오늘의 적이 내일은 다시 친구가 될 수도 있다는 생각도 할 수 있어야 하며, 근시안적인 시각으로 섣부른 판단과 행동을 하게 되면 장기적으로는 큰 피해가 내게 돌아올 수 있음을 기억해야 한다. 특히, 다소나마 우위를 점하는 경우 교만한 모습으로 상대를 대하게 되면 장기적으로 부메랑이 되어 돌아올 수 있다. 인생에서 친구를 잘 사귀는 것도 중요하지만, 사실 더욱 중요한 것은 적을 만들지 않는 것이다.

생물이 함께 살아가는 공간에서는 공생관계 이상의 관계도 많다. 좋은 관계와 달리 상대에게 피해를 주는 관계가 사실상 더 많은데, 일정한 인자를 서로가 필요로 하여 생기는 경쟁관계(競爭關係; competition)가 가장 눈에 띄는 관계라고 할 수 있다. 가뭄이 심할 경우 물을 두고 식물 뿌리와 토양미생물이 서로 경쟁하게 되는데, 몸의 크기를 감안할 때 극미량의 수분도 미생물에게는 매우 중요하므로 미생물이 더 절실하여 먼저 활용하게 된다. 가랑비에 옷 젖듯이 많은 미생물이 같은 방식으로 수분을 섭취하게 되면 식물이 활용할 수 있는 수분이 부족한 상황이 전개된다. 「빈익빈 부익부」에서도 언급하였지만, 식물을 위해 수분이나 양분을 공급할 때 여유분이 필요한데 우리 눈에 띄지 않는 미생물에 의한 누수가 있기 때문이다. 삶에서도 항상 미처 생각하지 못한 부분이 많이 있음을 깨닫게 되는데, 주 경쟁상대만을 고려하여 준비하고 여유분을 준비하지 않으면 2% 부족한 상황에 도달할 수 있음을 명심하여야 한다.

경쟁관계에서 더욱 고도의 기법을 발휘하는 방법으로 길항작용(拮抗作用; allelopathy, antagonism)이 있는데, 다른 생물의 활동을 저해하는 물질을 분비하여 근처에서 살 수 없게 만드는 방식이다. 미생물 가운데에는 항생물질을 분비하며 다른 미생물이 살 수 없도록 미리 소독하고 본인이 그 영역에 들어가는 존재가 제법 많은데, 이들은 항생제 개발에 활용될 수 있다. 또한, 다른 생물에게 작으나마 피해를 주며 자신의 생존 및 번식을 이루는 기생관계(寄生關係; parasitism)도 있다. 버섯 위에 붙어 사는 덧부치버섯이 그 예인데, 소위 "뛰는 놈 위에 나는 놈 있고, 나는 놈 위에 붙어가는 놈 있다."라는 농담이 현실에는 종종 나타난다. 기생관계보다 더 심각한 경우는 아예 자신의 생존을 위해 다른 생물을 희생시키며 잡아먹는 섭식관계(攝食關係; predation)가 있다.

　이처럼 다양한 관계를 토양생태계에서 찾을 수 있다. 토양미생물과 식물, 토양미생물 사이에서 나타나는 다양한 역학관계를 보면 인간사회에 적용할 수 있는 시사점을 많이 찾을 수 있다. 아름다운 관계를 맺는 것으로 그치지 않고, 장기적인 시각에서 서로 돕는 상생의 모습이 넘쳐나기를 소망한다.

03
보물 찾기

 1998년 퓰리처상을 수상한 재러드 다이아몬드(Jared Mason Diamond; 1937~)는 그의 저서 「총·균·쇠」[34]에서 유럽인이 전파한 세균이 아메리카 원주민을 초토화하는 원인이 되었으며, 아프리카의 말라리아와 황열병이 이 지역을 백인의 무덤으로 만들었다고 서술하고 있다. 안정적 식량 생산과 정복의 도구가 된 철기(쇠)와 무기(총)가 인류의 발전과 식민지 확대를 주도했다면, 눈에 띄지 않아 존재를 잘 몰랐던 균에 의하여 인종의 멸절이 발생하기도 하였음을 설명한다. 재러드 다이아몬드는 생리학으로 과학 인생을 시작하여 생물의 지리적 분포를 공부하였기에, 인류가 잘 알지 못한 세균이 인류 역사에 큰 영향을 미쳤음을 강조한 것이다. 한편, 의사로 일하다가 병리학자가 된 알렉산더 플레밍(Alexander Fleming; 1881~1955)은 패혈증으로 죽어가는 환자를 구하기 위해 노력하나가 우연히 푸른곰팡이(*Penicillium notatum*)를 발견한다. 푸른곰팡이가 세균의 세포벽을 붕괴시키는 항생물질을 생산하여 세균 증식을 억제하는 것을 발견한 후 이것을 페니실린으로 발전시켰고, 감염병 공포를 해결하는 초석을 제공하였다. 이처럼, 원래의 전공을 토대로 옆의 영역으로 옮겨가면서 우연한 발견을 통해 기쁨을 누리는 학자들이 많다. 특히, 보이지 않

---

[34] Jared Diamond, 1997. Guns, Germs and Steel : The Fates of Human Societies, W. W. Norton & Company, ISBN 0-393-03891-2.

는 미생물들이 하는 역할을 알게 되면서 유레카를 외치는 순간이 많았음은 특기할 사항이다.

앞서 「상생과 공생」 부분에서 자세히 설명하지 않고 개념만 설명하였는데, 알렉산더 플레밍이 발견한 푸른곰팡이는 길항작용(拮抗作用) 사례를 찾은 것이라 할 수 있다. 푸른곰팡이가 다른 생물(세균)의 활동을 저해하는 물질(페니실린)을 분비하여 근처에서 세균이 살 수 없도록 하는 것을 확인한 것이다. 플레밍은 이 물질을 800배로 희석하여 투여함으로써 세균의 증식을 억제할 수 있었는데, 인체에는 해를 끼치지 않는 수준에서 병원균의 활동을 억제하는 약제를 개발할 수 있었다. 이처럼 미생물이 생산하는 물질은 약제만이 아니라 식품이나 화장품, 건강용품 등 다양한 부문에서 활용될 수 있다. 최근에는 바이오산업이라는 이름으로 미생물이나 미생물이 생산하는 물질을 산업적으로 활용하는 방법이 적극적으로 시도되고 있다.

토양에서 유용 미생물을 발굴하여 활용하는 방법은 〈그림 15〉와 같다. 채취한 토양을 실험실에서 희석하여 다양한 배지에서 배양하면서 어떤 조건에서 잘 자랄 수 있는지를 먼저 확인하며 미생물을 분리해 낸다. 이후 각 미생물이 누구인지 형태적, 생화학적 또는 유전학적 특성에 따라 분류한 후 생화학적인 검토과정을 통해 어디에 활용할 수 있는지 잠재력을 검토한다. 목표로 하는 특성이 제대로 발휘될 수 있는지 확인하기 위해서는 특이한 조건에서 배양하여 생존 여부나 생활력을 파악한다. 이후 해당 조건에서 제대로 기능을 발휘할 수 있다면 조절된 환경에서 배양하며 능력을 정밀검정하게 된다. 정밀검정을 통해 선발된 우수한 개체는 대량으로 배양되어 미생물 자체를 활용하거나 그 미생물이 생산하는 대사산물을 산업적으로 이용하게 된다.

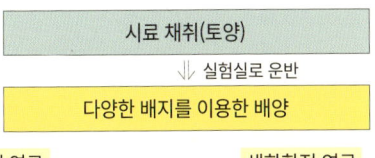

<그림 15> 토양미생물을 활용한 유용물질 탐색 공정

토양 세균은 땅속에 유입되는 유기물의 분해를 비롯하여 각종 물질의 순환에 관여한다. 질소, 인산, 칼슘, 황 및 기타 원소의 순환에는 각각 특화되어 역할을 하는 세균 종류가 다양하게 존재한다. 따라서 오염물질 제거를 포함한 각종 화학반응에 특화된 세균을 발굴하여 활용하려는 시도가 많이 이루어지고 있다. 그런데 문제는 오염물질을 일정한 수준의 농도 이하로 낮추는 것은 가능하지만, 완벽하게 제거할 수 없다는 한계를 지니고 있다. 병균으로 여겨지는 미생물도 자신의 숙주가 사멸하면 또 다른 숙주를 찾아야 하므로 완전히 죽이지 않으려고 한다. '코로나-19'와 같이 현대에서 감염병을 일으키는 각종 병균도 처음에는 치사율이 높지만, 점차 감염률은 높아지면서 치사율이 낮아지는 것도 이러한 이유이다. 생태적인 균형을 유지하며 관계를 계속 이어가는 방식으로 생물사회가 전개되므로 완

벽한 처리가 쉽지 않은 것이다. 따라서 생물학적 방제나 오염물질 처리는 이러한 본질적인 한계를 지니고 있음을 고려하여 활용해야 한다.

이처럼 토양미생물의 잠재력을 직접 활용하는 방법과 더불어 관계를 이용하는 간접 활용방식도 있다. 산림·임업 분야에서는 공생관계를 이용한 경우가 많이 있는데 앞서 설명했던 균근을 활용한 사례를 소개한다. 균근과 공생관계가 형성되면 뿌리에 균근이 없는 식물에 비하여 생장이 훨씬 빨라지고, 오염물질이 많거나 척박한 토양에서도 잘 버틸 수 있다. 강원도 정선군 사북읍에 위치한 강원랜드는 탄광이었던 지역이 폐광지역진흥지구로 개발되면서 현재의 모습을 갖추게 되었다. 카지노를 비롯한 각종 관광·유흥시설을 짓고 고객을 유치하고자 노력하게 되었는데, 개발한 곳이 당초 폐광지역이었기에 검은 흙먼지로 뒤덮인 주변 경관을 천연자연의 모습을 담은 녹색지대로 만드는 것도 중요한 사업 중의 하나이었다. 하지만, 폐광지의 토양은 각종 중금속을 품고 있으며 토양의 수분 조건이 매우 열악하였기에 심는 나무들이 대부분 생존하지 못하였다.

이 문제를 해결해 달라는 요청에 따라 현장을 방문하니 다행스럽게 그나마 버티고 있는 몇 그루의 어린 거제수나무(*Betula costata*)가 눈에 띄었다. 잘 버티고 있는 나무들은 균근의 도움을 받고 있는 상황으로 판단되었고, 그 나무 아래의 토양에서 공생관계를 형성하고 있는 균근을 수집할 수 있었다. 이를 대량 배양하여 비슷한 종류의 나무에 접종하며 키운 묘목을 폐광지 토양에 다시 심었는데, 이 나무들은 기존의 나무들과 달리 잘 버티며 살아남았다. 이들을 기반으로 현재의 모습과 같은 녹색 경관이 만들어질 수 있었다.

이러한 사례는 1970년대 우리나라의 산림녹화에 널리 활용되었다. 모래밭버섯(Pisolithus tinctorius) 균을 접종한 리기다소나무(Pinus rigida) 묘목을 황무지 산에 심어서 민둥산을 지금의 푸른 숲으로 변화시킬 수 있었다. 모래밭버섯이 접종된 리기다소나무는 풀보다도 더 빨리 자라는 엄청난 모습을 보였고, 이를 통해 살아남은 리기다소나무 주변의 토양이 안정되면서 각종 풀도 함께 자랄 수 있는 여건이 만들어졌기 때문이다.

산을 푸르게 만드는 녹화에만 균근이 활용되는 것이 아니다. 균근 중에는 버섯을 만드는 종류를 활용하여 경제적인 이득을 얻을 수도 있는데, 송이, 능이, 싸리 등 가을철이 되면 비싼 가격으로 시장에 등장하는 친구들이 그 예이다. 공생관계가 매우 미묘하고 복잡하므로 재배가 어려운 버섯이지만, 발생하는 환경과 관계를 제대로 이해하면 이들의 생산성을 높일 수 있다. 국립산림과학원에서는 송이 발생환경을 조절하여 생산성을 높이거나, 송이가 발생하지 않던 곳에서 새롭게 송이를 생산하는 방법도 개발하였다. 재미있는 사실은 송이를 계속 생산하기 위해서는 소나무와 송이의 관계가 유지되도록 해야 하는데, 소나무가 변심하지 않도록 소나무가 자라는 산을 황폐한 상태로 놓아두어야 한다. 우리나라 숲이 점차 좋아지면서 소나무 숲이 비옥해지면, 소나무와 송이의 공생관계가 깨지며 송이가 더 이상 생산되지 않기 때문이다.

보물의 가치 기준에서 중요한 것 중 하나는 희소성(稀少性)이며, 찾기 어렵고 조심스럽게 다루어야 하는 것이다. 그러한 측면에서 보면 토양미생물은 찾기 어렵고 조심스럽게 다루어야 하므로 보물의 가치가 있지만, 반드시 희소한 것은 아니다. 우리가 잘 알지 못해서 그렇게 느끼지만, 미생물학의 기초 이론에서는 "모든 것이 모든 곳에 존재한다

(Everything is everywhere)."에서 출발한다. 여러 미생물이 각지에 존재하는데 활력이 낮은 경우가 대부분이며, 여건이 좋아지면 실력이 발휘될 수 있다고 본다. 사람이 지닌 잠재력도 없는 것이 아니라 나타나고 있는 정도에서 차이가 있는 것이며, 발굴되고 발전시켜서 적절한 여건을 조성해 주면 꽃을 피울 수 있는 것과 같은 이치이다.

미래 산업으로 바이오산업이라 불리는 생물자원을 이용한 산업이 부상하고 있다. 하지만, 냉철하게 이야기하면 바이오산업은 '사막에서 바늘 찾기'와 비슷한 일이다. 사막에서 바늘을 찾으려면 바늘을 탐지할 수 있는 첨단 기술이 우선 필요하다. 마찬가지로 탐색 대상이 되는 생물자원의 특성을 제대로 이해하고 그 특성이 발휘될 수 있는 여건을 조성하며 발굴하여야 한다. 즉, 〈그림 15〉에 나타낸 바와 같이, 무조건 수집하여 배양하고 탐색하는 것이 아니라, 목표로 하는 특성을 설정한 후 관련 잠재력을 검토해야 한다. 이후 그 잠재력을 극대화하는 방법을 개발하는 절차가 수반되어야 한다. 비록 플레밍이 우연히 페니실린을 개발한 것은 사실이지만, 정말 온전히 운으로 결실을 얻은 것이 아니라 관련 분야를 눈여겨보는 노력을 통해 얻은 행운이었다. "하늘은 스스로 돕는 자를 돕는다."라는 말은 우리나라만이 아니라 많은 나라에서 격언으로 사용되고 있는데, 보물찾기는 행운의 선물이 아니라 탐구의 산물이다.

어린 시절 학교 소풍 때 가장 기대했던 순서는 단연 보물찾기이었다. 그런데 내가 예상하는 곳을 다 둘러보아도 보물 쪽지는 보이지 않았던 반면, 매년 보물을 잘 찾는 친구는 여러 장을 찾아왔다. 보물이 어디에 숨겨있는지를 잘 아는 친구인데, 어린이가 생각할만한 장소가 아니라 숨기는 선생님의 눈높이에서 살피는 것이 비결이었다. 시험을 볼 때 출제자의 의도를 잘 읽으라는 표현을 하는데, 보물을 숨기는 사람의 시선으로 주위를 돌아보면 보물 쪽지가 잘 보인다. 이처럼 자연에 숨겨진 보물을 찾을 때는 자연이 보물을 어떻게 담고 있는지를 생각하며 접근해야 한다. 보물찾기의 원리를 되새기며, 사람의 시각이 아니라 미생물의 시각으로 토양 속에 숨겨진 보물을 찾아야 한다. 특히, 각 미생물의 생화학적 기능만이 아니라 관계적인 면에서의 가치도 귀한 보물이 될 수 있음을 기억해야 한다. 아울러, 생물학적 처리는 여유와 한계에 대한 인식이 필요함을 유념하여, 하나의 보물로 모든 것을 해결하려고 하지 말아야 한다. 흙 속에 숨어있는 보물은 많음에도 불구하고 다만 우리가 그 가치를 발견하지 못하는 것임을 생각하자. 특히, 관계에 유념하며 접근하여 유레카를 외치는 사람들이 많아지길 기대한다.

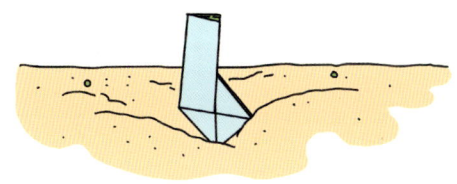

04
간척(干拓)

　최근에는 출산률이 낮아 인구가 감소하는 상황이라고 하지만, 우리나라는 여전히 국토 면적 대비 인구가 많은 편에 속하는 나라이다. 따라서 국토 면적을 늘리기 위해 노력하고 있는데, 특히 서해안에서 바다를 막아 토지로 만드는 활동이 많이 진행된 바 있다. 현대건설의 정주영 공법으로 유명한 서산 간척지는 1980년 착공하여 1995년에 완성되었는데, 제방의 길이가 7.7km에 달하며 총 간척지 면적이 15,400ha에 이르는 대규모 공사였다. 매립된 지역 대부분은 농경지로 개발되었고, 이 사업 결과 당시 서산군은 우리나라에서 논의 면적이 가장 넓은 행정 구역이 되었다. 그런데 이 사업보다 더 큰 규모의 간척사업이 전라북도에서 진행되어 2010년 완성되었는데, 서울시 면적의 2/3에 해당하는 새만금 간척지가 바로 그 주인공이다. 방조제의 길이만 33.9km에 달하여 세계에서 가장 긴 방조제로 기네스북에 등재되었다. 새만금 지역의 토지 이용 면적은 총 409km²이며, 세부적으로는 용지 291km², 호수 118km²로 구성되어 있고, 규모가 커지고 농지면적 수요가 줄면서 농업 위주가 아니라 도시, 산업, 관광용지 등 다양한 용도로 개발되고 있다.

　역사적으로 고찰해 보면 한반도에서의 간척사업은 고려시대 이전에도 추진되었는데, 대부분은 농지를 확보하기 위한 것이었다. 그런데 간척 후 매립된 지역을 바로 농지로 사용할 수 있을 것으로 기대하지만 현실은 그렇지 않다. 강 하류에 침적물이 많아 비옥한 토양으로 문명 발달의 기초가 되었던 것과 달리 바닷물에 오랫동안 잠어있던 토양은 염분이 많아 일반적인 식물의 생장이 어렵다. 서산의 간척지에서도 5년간 염분 농도가 낮아지도록 기다리는 시간을 거쳐야 하였으며, 새만금 지역에서도 여러 종류의 식물을 도입해 보았지만 염해(鹽害)로 인해 식물들이 빨갛게 말라 죽는 모습을 띠었다. 많은 양의 신선한 산 흙을 덮어 지하수면에서 올라오는 염분을 줄이고자 노력하지만 모세관 현상에 의하여 올라오는 소금기 많은 물의 영향은 5년 이상 영향을 준다.

앞서 제2장에서 「시간을 담은 토양」을 설명할 때 내가 미국에서 [식 2]와 같이 'α'라는 인위적인 간섭이 포함되어야 한다고 주장한 비밀이 여기에 있다. 나는 새만금 간척사업을 할 때 전라북도 군산의 시험지를 대상으로 간척지에서 살아남을 수 있는 식물과 이를 보조하는 토양미생물을 발굴하는 연구를 진행하고 있었다. 그런데, 당시에는 GPS가 널리 보급되지 않은 상황이었기에 실험장소를 큰 건물이나 산 등 이정표가 될 만한 것을 기준으로 어느 방향, 어느 정도의 거리에 위치하는가를 표시했다. 해안에서 간척사업을 하는 곳은 광활한 장소에 큰 인공구조물이 전혀 없었기에 내 실험구(實驗區)를 주변에 있던 산자락을 기준으로 서쪽 방향 약 1km 지점에 위치시켜 조성했다. 그런데, 2개월 만에 실험 처리 효과를 분석하기 위해 현장을 다시 방문했는데 설치한 시험구를 찾을 수 없었다. 당시는 젊었기에 기억력도 괜찮은 편이었는데 정말 황당한 기분을 느낄 수밖에 없었는데, 기준으로 삼았던 산이 없어져 버린 탓이었다. 매립지의 염분이 문제가 되니 산의 깨끗한 흙으로 매립을 하느라 아예 산을 통째로 파서 매립용 흙으로 사용한 것이었다. 인위적인 간섭의 위력을 실감하는 순간이었고, 이 까닭에 미국에서 공부할 때 현재의 토양 형성에 큰 영향을 주는 y 절편을 이야기 한 것이 정말 옳았던 주장임을 확인할 수 있었다.

제5장 동반자 중「분해의 미학」이라는 글에서 자세히 설명하겠지만, 매립을 위해서는 배수와 배출을 위해 자갈이나 고운 흙을 체계적으로 쌓는 방식이 바람직하다. 하지만 당시에는 공법적인 절차보다는 무조건 많을 흙을 덮는 방식을 사용하였기에 엄청난 양의 흙을 사용하여 매립을 하다 보니 [식 2~3]의 앞부분에 표시한 각종 요인보다도 '+α'가 훨씬 큰 영향을 미치는 상황으로 만드는 것이다. 그런데, 대부분은 '+α'에 해당하는 새 흙의 두께가 몇 미터를 넘지 않는다. 1~2m 정도의 신선한 흙을 덮은 후 언뜻 깨끗해 보이는 땅에 새로운 식물이 자라기 시작하면 새 땅을 얻은 것으로 생각한다. 하지만, 일정한 시간이 지나면 땅 속 깊은 곳에서 모세관 현상에 의하여 서서히 밀고 올라온 소금기 많은 물의 영향이 나타난다. 잘 자라는 것처럼 생각되던 식물이 빨갛게 죽어가는 모습을 보인다.

염분에 의한 피해를 해결하기 위하여 균근을 비롯한 다양한 미생물의 도움을 받는 시도를 해 보았지만 쉽게 효과를 얻기 어려웠다. 미생물도 식물과 마찬가지로 염분에 의하여 세포의 삼투압 조절이 되지 않아 생존이 어려웠던 까닭이다. 따라서 일반적인 토양미생물을 도입하는 것보다 갯벌 미생물을 활용하는 방법이 바람직하며, 충분한 유기물을 공급하면서 미생물이 서식할 수 있는 완충지대를 만드는 것이 선행되어야 한다. 식물의 경우, 염분이 많은 곳에서도 버틸 수 있는 종류를 먼저 도입하여 염분을 흡수, 제거하는 시간을 보내야만 한다. 염초나 갈대, 갯그령, 통보리사초 등 해안가나 해안사구에서 발견할 수 있는 식물들을 먼저 자랄 수 있도록 하여 안정화한 후 다른 식물들이 자랄 수 있는 수준인지 검토하며 도입해야 한다. 특히, 나무를 심을 경우는 뿌리가 땅속 깊이 들어가 염분이 많은 곳에 도달할 경우 염해가 나타나므로 염분에 강한 나무를 골라야 한다. 해당화와 곰솔 등 바닷가에서 잘 버티고 있는 식물을 고려하는 것이 바람직하다. 이들을 도입할 때도 온실에서 키운 묘목을 옮겨 심으면 제대로 적응하지 못하는 경우가 대부분이므로 야외 묘포(苗圃)에서 순화과정[35]을 거친 나무를 옮겨 심는 것이 바람직하다. 물론, 엄청난 투자로 시간을 줄일 수 있지만, 자연이 안정적인 모습을 갖추려면 많은 시간이 필요하다는 것을 인정해야 한다.

---

35) 순화과정(順化過程; hardening); 順應(acclimatization)이라고도 표현할 수 있는데 개별 생물체가 환경 변화(예: 온도, 습도 등)에 적응하며 점차 역경을 잘 이겨낼 수 있는 모습으로 변하여 어려운 여건에서도 생활을 잘 영위할 수 있도록 하는 만드는 과정을 말한다.

05
선순환체계

　모든 생태계는 안정적인 모습을 추구하며 항상성(恒常性)을 유지해 나간다. 하지만, 변화하는 여건 속에서 항상성을 깨뜨리는 외부 압력이 수시로 가해지는 것이 생태계이므로 생태계는 스스로 버티는 능력이나 회복하는 능력을 강화해 나간다. 어떤 생태계가 외부의 압력이나 간섭에 대응하여 버티는 능력을 내성(耐性; resistance)이라고 하는데, 외부의 압력이 가해져도 변화를 겪지 않으려면 그 압력에 잘 버틸 수 있는 능력을 지니고 있어야 한다. 감기나 각종 전염병이 와도 버텨낼 수 있는 면역력이 있고, 체력이 좋아서 작은 상처나 피로는 무시하고 버텨낼 수 있다면 내성이 큰 사람이라고 할 수 있다. 하지만, 해충에는 잘 버텨냈으나 가뭄에 의해 쉽게 말라죽고, 산불에 잘 버텨낸 나무들이 홍수에 모두 쓰러진다면 내성이 크다고 할 수 없다. 식물 종류에 따라 병해충에 잘 버티거나 화재, 가뭄 등에도 살아남을 수 있는 정도가 다르다. 외부 압력에 각각 잘 버틸 수 있는 다양한 종류의 식물이 어우러져 있다면, 숲이 한순간에 망가지지 않고 일정한 수준의 모습을 유지할 수 있을 것이다. 한 분야의 전문가만 존재하지 않고 다른 분야의 전문가도 함께 존재한다면 버티는 능력이 커지는 것과 같다. 웅장하다고 해서 내성이 큰 것이 아니라 다양한 모습을 띠고 있는 생태계가 내성이 높다.

　피해가 발생하더라도 원래의 모습을 회복할 수 있는 능력, 즉, 간섭을 받은 생태계가 간섭받기 이전의 안정적인 모습으로 돌아가는 능력을 회복탄력성(回復彈力性; resilience)이라고 한다. 회복탄력성은 변화된 환경에서 새롭게 극복하는 능력을 발휘하는 구성원의 능력으로 평가된다. 현재 여건에서 잘 활동할 수 있는 구성원들만 있고, 다른 여건에서 능력을 발휘할 수 있는 구성원은 아예 사라진 상황이라면 회복탄력성을 기대하는 것은 어렵다. 예를 들면, 훼손된 숲의 회복탄력성은 흙 속에 묻혀 있는 종자의 양이나 발아력, 그 종자들이 생존하고 성장할 수 있도록 지탱해 줄 수 있는 토양조건에 의하여 결정된다. 지상 생태계의 회복탄력성은 지금 보이지 않고 지중(地中)에 잠재되어 있는 능력과 이들의 동반자가 되는 토양의 협조 가능성에 의해 결정된다는 것이다. 내성은 현재 표출되고 있는 능력이 발휘되는 것이지만, 회복탄력성은 현재는 나타나지 않던 잠재력이 발휘되어야 그 가치를 발휘한다.

잘 버티고 빠른 시간 내에 회복될 수 있어야 안정적인 생태계라고 할 수 있으므로, 생태계의 안정성은 내성과 복원력을 통해 평가할 수 있다. 〈그림 16〉는 내성과 회복탄력성을 기준으로 숲 생태계의 안정성을 평가한 예시이다. 내성과 회복탄력성을 각각 강함과 약함으로 구분하면 네 가지 유형을 생각할 수 있다. ①은 내성은 약하지만 회복탄력성은 큰 유형으로, 열대 원시림이 대표적인 예이다. 열대림은 큰 나무들로 구성되어 있던 숲에 산불, 태풍이나 벌채 등 간섭이 가해지면 본래의 웅장했던 모습이 쉽게 파괴된다. 하지만, 생물 다양성이 높아 잠재된 식생이 많으므로 회복탄력성은 높아서 다양한 구성요소가 더운 날씨와 더불어 빨리 회복되는 모습을 보여준다. ②는 내성과 회복탄력성이 모두 낮은 예로서 추운 지방에 있는 한대림이 대표적인 예이다. 한대림이 산불이나 벌채로 훼손을 당하는 경우 열대림과 마찬가지로 숲의 원래 모습이 쉽게 망가진다. 또한, 추운 날씨에 잘 버틸 수 있는 종류들만 존재하고 새로 성장하는 속도가 매우 늦으므로 원래의 모습을 회복하는데 매우 긴 시간이 필요하다. 생태계의 안정성 측면에서 보면 가장 불안정한 곳이라고 할 수 있다. ③은 내성은 높아도 회복탄력성이 낮은 유형으로, 온대지방 혼효림을 예로 들 수 있다. 온대지방의 혼효림은 다양한 나무들이 어우러져 있으므로 산불이나 병해충과 같은 심한 간섭이 와도 일부는 버티고 살아남는 모습을 볼 수 있어서 내성이 강하다고 할 수 있다. 하지만, 막상 원래의 모습을 회복하는데 꽤 오랜 시간이 소요되므로 회복탄력성은 그리 높지 않은 모습을 보여준다. ④는 내성과 회복탄력성이 모두 높은 유형으로 속성수(速成樹)로 구분되는 포플러나 버드나무, 사시나무 종류가 자라는 숲이 대표적인 예이다. 이 숲은 벌채나 훼손이 일어나도 땅속에 넓게 분포하는 뿌리와 신속한 움싹 출현으로 인해 완전히 망가진 모습이 되지 않는다. 또한, 잠재식생의 빠른 생장으로 인하여 조만간 원래의 모습을 회복하므로 내성과 회복탄력성이 모두 높은 사례이다.

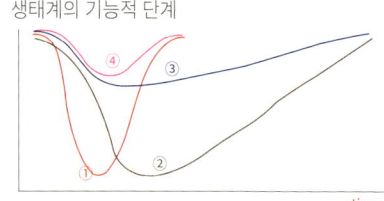

유형	내성	회복탄력성	대표적인 생태계
①	저	고	열대림
②	저	저	한대림
③	고	저	온대 혼효림
④	고	고	사시나무림

<그림 16> 내성과 회복탄력성을 기준으로 한 숲 생태계의 안정성 평가

지구촌 환경관리의 지침이 되는 '환경적으로 건전하고 지속 가능한 개발(ESSD; environmentally sound and sustainable development)'은 장기적인 관점에서 원래의 모습을 유지하는 항상성(恒常性)에 초점을 두고 자연을 관리해야 한다는 개념이다. 항상성도 결국 안정성을 추구하는 것이므로, 생태계의 내성이나 회복탄력성을 기준으로 평가하는 것이 바람직하다. 그린피스(Greenpeace)를 비롯한 주요 환경보호단체는 열대림 파괴가 지구 환경 파괴의 주범인 것처럼 주장한다. 이는 현재의 상태를 급격히 잃어버리는 약한 내성에만 초점을 맞추기 때문이다. 하지만, 환경의 지속 가능성은 내성과 더불어 회복탄력성을 고려해야 하므로, 열대림의 파괴보다 더 심각한 것은 한대림의 훼손이다. 환경보호를 위해 애쓰는 전문가들조차 한대림의 훼손은 뒤로하고 열대림의 보호만 외치는 것은 생태계의 내성과 회복탄력성을 제대로 평가하지 않고 겉으로 보이는 현상적인 변화만 중요하게 여겨서 파생된 오류라고 할 수 있다.

겉으로 나타나는 모습인 내성을 평가하는 것도 중요하지만, 미래의 안정된 모습을 추구한다면 항상성 유지 능력을 평가하는 것이 더 바람직하다. 특히, 숲 생태계의 회복탄력성을 지지하는 기반은 토양생태계라는 것을 생각하면, 건전한 토양을 유지하는 것이 건강한 숲을 유지하는 비결이다. 이러한 측면에서 볼 때 토양생태계는 반드시 내성과 더불어 회복탄력성을 유지하고 있어야 한다. 숲 생태계의 복원 기반이 되는 토양이 잘 버틸 수 없는 상황이 된다는 것은 숲의 미래가 없다는 뜻이 되기 때문이다.

토양생태계의 내성과 회복탄력성의 핵심은 순환체제이다. 앞서 「공급처」에서 언급하였듯이, 광물자원은 재활용이 불가능한 것과 달리 토양은 재생 가능한 자원으로서 역할을 할 때 진정한 토양이라고 할 수 있다. 토양이 자원 재순환의 역할을 하지 못하는 순간 그 토양은 사망선고를 받은 것과 다름없다. 넓은 의미에서 도로에 아스팔트 포장을 하거나 건물을 짓는 것은 토양을 사막화시키는 작업으로 이해된다. 토양입자나 공기 등 무기 환경인자와 더불어 다양한 생물이 어우러져 공존하면서 변화를 만들지 못하는 토양은 사막이나 다를 바 없는 존재이기 때문이다. 많은 양의 쓰레기가 유입되었다 할지라도 그 쓰레기를 분해할 수 있는 미생물이 다수 존재한다면 그 토양은 건강성을 유지할 수 있다. 반면, 비록 적은 양의 쓰레기라고 할지라도 진흙더미 속에 묻힌 상태로 산소가 없어서 분해가 되지 않는다면 그 토양은 건강하지 못한 토양이다. 즉, 오염물질이 많이 있는 토양이라도 물질 분해가 진행되며 역동적인 변화가 있다면 건강한 토양이라고 할 수 있으며, 비록 오염물질이 적은 깨끗한 흙이라 할지라도 아무런 변화가 없이 그대로 있는 토양은 죽은 토양이라고 할 수 있다.

   뇌 활동이 멈추어 식물인간 상태가 되면 판단이나 정상적인 행동을 하기 어려우므로 살아있는 사람이라고 할 수 없지만, 법적(法的) 사망으로 인정하지 않는다. 뇌 활동 정지는 뇌사(腦死)로 표현하며, 심장이 뛰지 않아 피가 순환되지 않는 심장사(心臟死)를 법적인 사망으로 인정한다. 비록 뇌는 활동을 멈췄으나 심장이 계속 움직이면 아직 살아있다고 하는데, 심장이 작동하면 피가 순환되면서 세포 사이에 물질이 교환되는 변화가 끊임없이 전개되기 때문이다. 마찬가지로 역동성을 지닌 생태계는 건강한 생태계이며, 유동성이 약한 생태계는 건강하지 못한 생태계이다. 즉, 변화가 활발하게 전개되며 항상성을 유지하고자 노력하는 존재는 건강한 상태이며, 이러한 활동이 약해지면 쇠약한 상태로 판단된다. 현대 경제에서도 가장 중요하게 언급하는 것이 '**선순환**(善循環) **체계**'인데, 토양생태계에서는 오래전부터 순환의 중요성을 시사하고 있었다.

06
근묵자흑(近墨者黑)

 2000년 4월, 동해안 일대 23,704ha의 숲과 수백여 채의 주택을 태우고 천 명에 가까운 이재민을 발생시킨 대형 산불이 발생하였을 때, 피해지의 사후처리 방법에 대하여 생태학자와 산림과학자 사이에 논쟁이 벌어졌다. 자연적인 복원이 타당한지 인공적인 처리가 바람직한지에 대한 이견이 있었던 까닭인데, 피해지의 범위가 넓고 각 지점의 내성과 회복탄력성을 정확히 알지 못하는 상황에서 어떤 조치가 바람직한지 결정하기가 쉽지 않았다. 결국, 인위적인 간섭이 오히려 회복탄력성을 낮출 우려가 있는 지역은 자연복원을 유도하고, 그냥 놓아두었을 때 후속 피해가 우려되거나 생산성이 높아 경제적인 수목을 심는 것이 바람직하다고 평가되는 곳은 인공구조물 설치와 더불어 조림(造林)을 하는 방식을 선택하였다.

 솔직히 고백하자면, 자연복원 대상으로 결정한 곳은 산림과학자로서 별로 기대하지 않았던 지점들이며 복원이 매우 더디게 진행될 것으로 예상하였다. 하지만, 주기적인 모니터링 과정을 통해 1년·5년·10년·20년 후 현장을 다시 방문하여 복원되는 모습을 확인하고 깨달은 것은 우리나라 동해안 숲의 회복탄력성이 대단하다는 것이었다. 앞서 〈그림 16〉에서 표현한 것처럼, 온대 활엽수림의 내성은 매우 강하여 참나무류는 그루터기에서 움싹(맹아; 萌芽)이 다수 발생하며 1년 후에 바로 토양이 피복(被覆)되는 모습을 보였다. 5~10년 뒤에 다시 방문했을 때는 산불의 흔적은 남아 있어도 산사태 등 후속 피해의 우려가 거의 없는 상황으로 변해 있었다. 물론 20년이 지난 후에도 원래의 모습을 완전히 회복하지는 못했지만, 자연의 내성과 회복탄력성을 충분히 검토하고 복원방식을 결정하는 것이 바람직하다는 것을 새삼 깨달을 수 있었다.

4대강 사업을 비롯하여 자연을 대상으로 하는 개조공사에 환경학자나 생태학자는 대부분 반대 의견을 표시한다. 오랜 기간 자연스럽게 형성된 환경에 큰 변화를 주면 그 생태계에 속한 많은 생물 중 내성이 약한 존재는 심한 피해를 받게 되며, 회복탄력성이 약한 경우에는 영원히 그 존재를 잃어버리게 될 우려가 있기 때문이다. 또한, 일단 공사가 추진되고 일정 시간이 흐른 후에 다시 복원을 시도하는 것을 찬성하는 학자도 많지 않은데, 다시 투입되는 복원공사는 안정을 찾아가는 생태계에 또 다른 변화를 만드는 것이기 때문이다. 즉, 살아있는 생태계는 끊임없이 변화에 적응해 가며 항상성을 유지하기 위해 노력하고 있고, 주어진 여건에서 최선의 길을 찾아 나간다. 그런데 과거의 판단에 오류가 있었다고 생각하여 다시 회귀하려는 시도는 안정을 취해 나가는 생태계에 또 다른 간섭을 하는 것이며, 이러한 간섭은 생태계 입장에서는 다시 아픔을 주는 행동이라고 할 수 있다. 내성과 회복탄력성을 제대로 파악하지 못한 상태에서 섣불리 판단하기보다는 생태계의 대응 능력과 변화를 제대로 인지하려는 노력이 더욱 중요하다.

땅은 그 자리에 그대로 존재하기에 특별한 간섭이 없는 한 이들의 구성원인 흙 알갱이나 토양은 변화가 거의 없는 것으로 생각된다. 하지만, 〈그림 12〉에서 보여준 것처럼, 식물 뿌리의 양분 흡수에 따라 토양의 깊이별로 각종 화학적 특성이 달라지며, 〈그림 17〉에 표현된 것처럼 수평적으로도 변화가 생긴다. 물론, 변화가 단기적으로 쉽게 일어나는 것은 아니며, 특히 온대지역과 한대지역은 열대지역에 비하여 변화가 매우 더디게 나타난다. 〈그림 17〉의 예는 뉴질랜드의 카우리나무(Agathis australis)가 자라는 곳의 토양을 조사한 사례인데, 나무줄기가 청회색을 띠는 카우리나무는 한 곳에서 1,000년 이상 자라면서 나무줄기 두께가 평균 4~5m에 이르고 키는 50m 이상 자란다. 오랜 시간을 한 곳에서 자라니 나무 한 그루 주변의 토양도 확연한 변이를 보여준다. 빗물을 통해 나무줄기를 타고 내리는 각종 이온이 토양에 유입되면서 화학반응을 일으키고, 동시에 식물 뿌리에 의해 양분이 흡수되면서 빈자리에 수소이온이 많아지면 pH가 낮아지게 된다. 문제는 이처럼 확연한 변화가 보이는 예가 많지 않으며, 소요 시간도 매우 길어서 변화를 인지하기 쉽지 않다는 것이다. 하지만, 미세한 변화도 읽어낼 수 있는데, 중장기적인 변화를 모니터링하고, 그 결과를 토대로 미분과 회귀식 등 수학적 지식을 동원하여 모델을 만든다면 단기적인 변화도 읽어낼 수 있다.

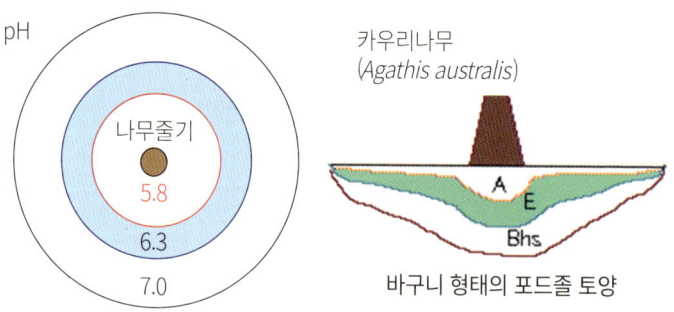

<그림 17> 토양의 수평 및 수직적 변이를 나타내는 모식도

토양 세계에서 나타나는 이러한 현상은 인간 세상에서도 나타나는데, '근묵자흑(近墨者黑), 근주자적(近朱者赤)'이라는 말처럼 주변 친구들의 영향을 받으면 사람도 변한다. 그런데 사회생활을 통해 끊임없는 변화가 전개되고 있지만, 관계 속에 머물고 있으면서 내부의 시각으로 보면 변화를 인지하기 어렵다. 늘 함께 지내는 사람들은 조금씩 변하는 나의 스타일 변화를 잘 모르지만 오랜만에 만나는 사람은 누적된 변화를 알아차리는 것과 마찬가지이다. 주기(週期)를 정하여 비교하는 모니터링을 통해 변화를 인지하는 방법을 토양생태계 연구에서 사용하고 있는데, 인간사회의 삶에서도 적용해 볼 만한 일이다.

제 5 장

토양과 생활

아토피(兒土避)
도시의 오아시스
난지도(蘭芝島)
분해의 미학
장릉(莊陵)의 추억
가이아(GAIA)
흙 속의 진주

제 5 장

토양과 생활

 우리 땅에서 생산된 농산물이 우리 몸에 좋다는 홍보를 할 때 신토불이(身土不二)[36]라는 말을 사용한다. 한자(漢字)의 의미를 살펴보면, '우리 몸과 자신이 태어난 땅이 둘이 아니라 하나'라는 뜻으로, 자신이 태어난 땅에서 나온 물건이 자신의 몸에 더 잘 맞는다는 의미로 해석할 수 있다. 동의보감에는 "약과 음식의 근원은 같다."는 약식동원(藥食同源)이라는 말이 나온다. 즉, "사람의 살 성분은 땅의 흙 성분과 같다."는 표현을 하면서 사람의 몸과 토양이 불가분의 관계임을 이야기한다. 사실 토양이 인간의 삶에 어느 정도의 영향력을 미치는가 살펴보면 한이 없다. 앞서 「공급처」로서의 토양을 설명하면서 토양은 인류의 생존을 위한 먹거리 생산기지이며, 각종 광물자원의 공급원이 되고, 주거 공간을 제공할 뿐만 아니라 오염물을 해결해 주는 존재라고 설명하였다. 토양은 인간이 삶을 영위하는데 필요한 의식주를 모두 해결하는 기반이며, 결국 죽어서도 흙으로 돌아가는 것을 생각하면 처음부터 마지막까지 모든 것을 제공하는 존재라는 것이다.

 사람이 나이가 들면 쉽게 생각이나 행동이 변하지 않으므로 굳이 남

---

[36] 신토불이(身土不二)는 고사성어가 아니라 일본 채식주의 성향 의사들이 사용하다가 육식의 당위성을 주장하는 여론에 밀려 잊혀진 용어를 우루과이 라운드 이후 우리나라 농업을 살리기 위해 물산장려운동 차원에서 사용된 것이다.

이 듣기 싫어하는 이야기는 하지 말라는 말을 한다. 하지만, 나는 나이가 들면서, 사회생활을 통해 깎이고 무뎌지면서 삶의 태도와 자세가 변화되는 것이 인생이라는 사실을 깨달았다. 겉으로는 변화가 잘 느껴지지 않을 수 있지만, 시간이 지나고 나서 보면 많이 변했다는 것을 알 수 있다. 마찬가지로, 전혀 변화가 없어 보이는 토양도 주변의 영향을 받아 끊임없이 변한다. 특히 스스로만 변하는 것이 아니라 함께하는 구성원에게도 영향을 주게 되는데, 토양은 이웃이나 친구같은 존재라고 할 수 있으며, 때로는 불편을 끼치기도 하지만 가까이 있기에 필요할 때 어려움을 극복할 수 있도록 도움을 주기도 한다.

제3장의 토양과 결혼이야기의 「주변 여건 파악」이나 「지혜로운 주연」에서도 설명하였듯이 주변의 여건이 나의 삶에, 그리고 나의 행동이 주변에 영향을 줄 수밖에 없는 것이 사회이며, 관계이다. 가장 가까이 있는 주변 사람이라 할 수 있는 부부는 결혼생활이 길어질수록 서로 닮게 되는데, 계속 영향을 주고받으며 살기 때문이다. 이 장에서는 종합적인 시각으로 토양이 주변에 어떤 영향을 주며 또한 얼마나 영향을 받는지를 나누려고 한다. 맹모(孟母) 삼천지교(三遷之敎)에 대하여 다양한 시각의 해석이 있지만, 주변 여건이 나에게 미치는 영향과 반대로 내가 주변에 끼치는 영향을 '토양과 생활'이라는 주제로 생각해 본다.

01
아토피(兒土避)

  우리의 삶터에서 멀리 떨어진 심산계곡(深山溪谷)에 나무들이 가득 차 있는 곳을 가리키는 느낌을 주던 '숲'이라는 단어가 '도시숲'이라는 단어와 함께 우리 옆으로 가까이 왔다. 하지만, 아파트 생활에 익숙한 부모와 아스팔트에 익숙한 어린이들은 나무와 풀이 있는 곳에서 만나게 되는 해충이나 흙에 대한 부정적인 생각으로 인해 여전히 숲을 꺼리는 경우가 많다. 숲에 대한 반응은 성장배경에 따라 다른데, 한 가지 예로 2016년 10월 베이징에서 개최된 국제산림과학연구기관연합회(IUFRO)[37] 아시아태평양지역 학술대회에서 초청 강연을 한 동경대학의 요코하리 마코토(橫張 眞) 교수의 발표를 소개한다. 요코하리(橫張) 교수의 발표에 따르면, 쓰러진 나무와 잡초가 무성한 도시 주변 숲 사진을 보고 캐나다 밴쿠버의 대학생들은 친숙함을 표현했지만, 싱가포르 대학생들은 거부반응을 보였다고 한다. 인공구조물이 가득하고 거리에 껌을 뱉으면 벌금을 내야 하는 깔끔함으로 유명한 싱가포르와 털털한 듯 느껴지는 전원도시 밴쿠버에 사는 청년들의 자연에 대한 반응이 극도로 달랐음을 소개한 것이다. 어려서부터 자연과 인접한 곳에서 성장한 사람들은 다소 무질서해 보이는 자연환경에 불편함을 느끼지 않지만, 정돈

---

37) IUFRO : International Union of Forest Research Organizations의 약자로 전 세계 산림연구기관의 연합체이다.

된 도시에서만 살던 사람들은 밀림이 아니라 도시 인근의 숲이라도 깔끔한 모습이 아니면 들어가기를 주저한다. 동경의 대학생들은 중간 정도의 반응을 보였다고 발표하였는데, 아마도 우리나라 국민을 대상으로 조사하면 농촌에서 성장한 사람들과 중소도시 및 대도시에서 자란 사람들이 다소 다르게 반응하리라는 생각도 든다.

사람들은 어렸을 때 즐겨 먹던 음식을 나이가 들어서도 기억하는데 자신만이 간직하고 있는 아늑한 고향의 맛을 '소울 푸드(soul food)'라고 한다. 마찬가지로 어렸을 때 즐겨 놀던 배경을 나이가 들면 그리워하는데, 나는 이를 '소울 필링(soul feeling)', '영혼의 감성'이라고 표현하고 싶다. 성장 과정을 통해 내재된 다양한 감성이 나이가 들어서도 무의식 속에 자리 잡고 있다가 표현될 수 있다고 생각한다. 즉, 어려서부터 숲이나 자연을 가까이하는 삶을 살아야 소위 말하는 친환경적인 성품, '자연 감수성'이 길러질 수 있다고 본다. 이러한 현상을 감안하여 최근에는 유아숲체험원, 숲유치원 등의 이름으로 어린이들이 숲을 가까이하며 성장할 수 있도록 돕는 기관과 프로그램이 증가하고 있다. 이러한 프로그램은 특별한 커리큘럼이 있는 것이 아니라 그저 자연을 느끼는 기회를 주는 수준으로 운영되고 있는데, 나는 이러한 모습만으로도 충분히 효과를 거둘 수 있다고 생각한다.

자연의학을 주창하며 유기농 농부로 자신을 소개하는 시골교회의 임락경 목사는 요즈음 아이들에게 많이 나타나는 피부질환인 아토피(atopy)를 '兒土避(아이 아, 흙 토, 피할 피)'로 표시하면서 '아이가 흙을 피해서 나타나는 피부질환'이라고 설명한다. 자연을 가까이하는 산골 아이들은 아토피 피부염을 앓는 경우가 거의 없고, 도시에서 아토피 피부염 때문에 산촌으로 유학 오는 아이들이 많다는 것을 증거로 제시한다. 실제로 우리나라 아이들의 13~14%가 아토피 질환을 앓고 있는데, 농촌보다 도시의 아이들에게 많이 나타나고, 저소득층보다는 고소득층에서 많이 보인다고 한다. 아토피 피부염에 대한 정확한 기제(機制; mechanism)를 여기에서 논할 것은 아니지만, 흙으로 대표되는 자연과 어울려 살던 아이들이 자연과 격리되면서 나타나는 질병이라는 표현은 의미있는 이야기라고 할 수 있다. 실제로는 농촌이 도시의 조절된 여건에 비해 각종 병원균이나 해충이 더 많을 수 있다. 그런데 적당한 수준의 병원균과 어우러져 살면 나도 모르는 사이에 면역력이 강해진다. 때로는 약간씩 손해를 보는 것처럼 생각되지만, 장기적으로는 상생의 균형점을 찾아가게 된다. 반면, 전혀 손해 보지 않으려고 나만의 공간을 점유하며 살아가려는 노력은 어느 순간 완벽함에 허점이 생길 때 와르르 무너지게 된다. 지나치게 깔끔한 환경에서 면역력이 필요하지 않은 수준으로 살다가 다소 오염된 환경을 접하게 되면 심하게 앓는 모습이 현대 도시민의 삶이라고 할 수 있다.

외국에 오래 머물다 온 사람들은 우리나라에 돌아오면 고향의 흙냄새를 맡을 때 귀국했음을 실감한다고 한다. 그런데 흙냄새의 주인공은 흙 속에 존재하는 방선균(放線菌)[38]이라는 미생물이며, 이들은 각종 유기물의 분해에 중요한 역할을 한다. 일반적인 토양 1g에는 수백만 또는 수천만 마리의 세균이나 방선균이 분포하고 있는데, 맨발로 다녀서 이들로 인하여 감염병에 걸렸다는 보고는 찾기 어렵다. 앞서 동의보

---

38) 방선균(放線菌; actinomycetes) : 세포의 크기가 세균과 비슷한 원핵생물이며, 마치 곰팡이의 균사(菌絲)처럼 실 모양으로 연결되어 성장한다. 토양 중 방선균은 각종 유기물의 분해, 특히 분해가 어려운 물질의 분해에 중요한 역할을 하며, 스트렙토마이신, 테트라사이클린 등 항생물질을 생산하는 종류도 이 범주에 포함된다.

감에는 "사람의 살 성분은 땅의 흙 성분과 같다."는 표현이 있다고 소개하였는데, 흙 성분과 사람의 살 성분이 꼭 같은 것은 아니지만, 흙이 사람의 삶을 위해 거의 모든 것을 제공할 수 있다는 것을 의미한다고 생각된다.

과학 문명이 극도로 발달한 현대에도 다양한 생물이 어우러져 살아가고 있는 토양에 대해서는 정확히 알지 못한다. 생각보다 자연은 매우 다양하고 복잡하게 얽혀있으며 토양은 그 대표적인 예이다. 마찬가지로 인간의 삶도 시간이나 관계적인 측면에서 정말 복잡하게 얽혀있기에 섣불리 판단하거나 행동하지 말아야 한다는 생각을 종종 한다. 미처 깨달을 수 없는 다양함으로 **동행**(同行)의 지침을 넌지시 가르쳐 주는 토양을 다시금 귀한 스승으로 생각하게 된다.

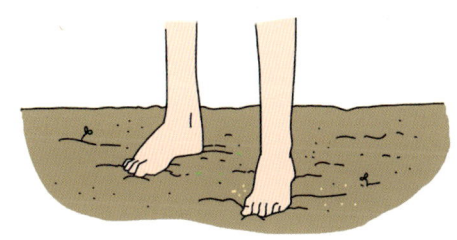

02
도시의 오아시스

 도시에 사는 아이들은 정말 아토피(兒土避)의 운명을 피할 수 없는 것일까? 영혼의 감성이라 표현한 것처럼, 도시에 사는 사람 중 많은 이들이 자연을 그리워한다. 인류가 회색의 도시에 살면서 녹지를 만들려는 시도는 고대부터 있었다. 바빌로니아 시대의 네부카드네자르(Nebuchadnezzar)[39] 왕은 기원전 550년, 경관 조성 측면에서 관상용(觀想用)으로 도시에 나무를 심도록 한 기록이 있다. 동양에서는 집안에 정원을 만들어 자연의 정서를 느끼려고 노력하였고, 영국 등 서양에서도 1500년대부터 도시 인근에 수목원(樹木園)과 공원을 만들기 시작했다.
 도시에서 멀리 떨어진 숲에서 나무는 목재와 과실 등을 생산하지만, 도시에는 시민의 정서와 간접적 편익을 위하여 가로수를 심고 공원을 조성한다. 공단 주변에는 오염물질을 흡수하거나 바람길을 내는 공기정화 목적의 숲을 만들기도 하는데, 이처럼 도시나 도시 주변에 조성된 숲을 도시숲이라고 지칭한다. 도시숲은 공기정화, 온도조절, 침식 및 홍수 방지, 야생동물의 보호처 등의 다양한 기능을 하는데, 특히 최근에는 기후변화와 더불어 비음(庇蔭), 풍속조절, 온실가스(CO_2) 흡수 등 에너지보존 등 다양한 기능이 부각되고 있다. 도시숲은 경관을 제공하여 미

---

[39] 네부카드네자르(Nebuchadnezzar) : 한글 개역개정 성경에는 느부갓네살 왕으로 번역되어 소개되고 있음

적 가치를 높여 주며, 사람들에게 안정감을 주는 사회·심리적인 기능도 한다. 건강한 삶을 추구하는 현대인에게는 보건과 휴양 기능을 하는 치유공원의 인기도 높다. 일정한 규모를 가지고 안정화된 도시숲은 생태적 기능도 담당할 수 있어서 새를 비롯한 각종 야생동물에게 서식처를 제공하며 오아시스 역할을 한다.

  도시숲은 사람들과 가까이 조성되어 있으므로 도시와 멀리 떨어져 있는 숲에 비하여 사람들의 영향을 많이 받는다. 특히 도시숲의 토양은 윗부분이 딱딱해짐에 따라 문제가 자주 발생한다. 지표면을 깨끗이 한다는 이유로 지피식생과 낙엽 등 지피물을 제거하고, 이용자들이 땅을 자주 밟으면서 압력을 가하게 되면 토양이 널빤지 모양의 구조로 변하게 된다. 이러한 현상은 결국 토양의 견밀도(堅密度; 딱딱한 정도)가 높아져서 보수성(保守性)이나 투수성(透水性)이 나빠지게 만든다. 이에 따라 빗물이 땅속으로 흘러드는 양은 적지만 지하수 이용이 많아지게 되면 지하수위(地下水位)가 낮아지면서 토양의 만성적인 건조가 생긴다. 이와 더불어 도시 열섬효과에 따라 대기가 고온을 유지하게 되면, 나무들이 살 수 없게 되는 도시 사막화가 나타날 수 있다. 제3장 결혼이야기의 「수용성 평가」에서 언급한 것처럼, 토양의 밀도가 높아지면 뿌리가 발달하거나 잔뿌리가 형성되는데 어려움을 겪는다. 잔뿌리의 발달 장애는 수분이나 양분을 흡수하는 능력이 떨어져 잎이 줄어들면서 심겨진 나무의 생장이 줄어드는 결과로 이어진다.

  도시숲은 원래 있는 토양이 아니라 인공으로 조성한 토양 위에 나무를 심은 경우가 많다. 인공조성 토양은 성토(盛土; 쌓은 흙) 형태가 많으며 산지의 자연토양에 비하여 불완전한 미숙 토양이 많다. 또한, 조성단계에서 지나치게 다져서 불투수층이 형성되기 쉬우므로 심은 나무들이 과습(過濕; 지나치게 높은 습도)에 의한 장애로 죽는 경우도 많다. 특히, 움푹 파인 요형(凹形) 지형에 성토한 경우는 배수(排水) 불량이 나타나기 쉬우므로 자갈이나 모래 등 석재(石材)를 활용하여 배수처리를 해 주는 것이 바람직하다.

가로수를 심은 곳의 토양은 외부가 콘크리트나 아스팔트로 둘러싸인 경우가 많다. 처음 심을 때는 객토를 해서 뿌리 주변은 비교적 좋은 편이지만, 나무가 성장함에 따라 충분한 공간 확보가 되지 않아 문제가 발생하게 된다. 따라서 처음에 최대한 넓게 공간을 제공하고, 지속적인 관리를 해야 한다. 차도(車道) 쪽은 뿌리가 거의 없고 쉽게 생장할 수 없는 상황이므로, 보도(步道) 쪽이라도 잘 관리하는 것이 중요하다. 보도 아래는 주기적으로 통기성이 좋은 양질토양으로 객토하는 것이 필요한데, 단순하게 보도블록을 교체하는 것이 아니라 보도블록 아래 토양의 물리성도 검토하며 작업해야 한다.

서울시의 가로수 토양을 조사한 바에 따르면, 전반적인 화학성은 불량하며 칼슘(Ca^{2+}) 이온은 다른 양이온에 비해 훨씬 많다. 제설작업을 위해 염화칼슘($CaCl_2$)이 많이 투입된 탓에 알칼리성을 나타내고, 표토는 견밀도가 높아져서 투수성이 나빠진 상태이다. 노출된 윗부분 토양은 사람들의 발걸음이나 과다한 물에 의하여 쉽게 밀도가 높아지게 되므로, 처음에 시공할 때 자갈이나 모래를 섞어 통기성을 양호하게 하고, 주기적으로 객토를 하는 방법도 고려해야 한다.

가로수의 전반적인 구성을 살펴보면, 도심 내에서는 느티나무, 단풍나무, 벚나무는 활력이 떨어지는 반면 때죽나무, 팥배나무 등이 높은 활력을 나타내고 있다. 가로수로 널리 심겨있는 양버즘나무를 조사한 결과 도심에 가까울수록 활력이 약해짐을 확인할 수 있었는데, 대기오염에 강한 나무들만 잘 버티는 모습이라고 할 수 있다. 특히 도심 내 양버즘나무 잎에는 인산(P)과 마그네슘(Mg)의 함량이 적었는데, 광합성 능력이 떨어지고 있음을 시사한다.

도시와 멀리 떨어져 있는 숲과 달리 가로수는 대기오염의 영향을 많이 받고 있으므로, 가로수 잎이나 토양에 영양분이나 오염물질이 어느 정도 분포하는지 측정하여 수목의 쇠퇴도를 평가할 수 있다. 이러한 측정을 할 때는 시기가 매우 중요한데, 잎에 들어 있는 각종 양분의 농도는 희석효과에 따라 변할 수 있으므로 유의해야 한다. 낙엽이 지는 수종은, 봄철의 어린 잎에는 주요 양분의 농도가 매우 높다가 여름에는 안정적인 모습을 보이고, 가을철에 다시 줄어들게 되므로 한여름에 측정하는 것이 바람직하다. 수목 내부에 중금속이나 황 등 오염물질의 축적 여부를 파악하고, 토양 속의 오염물질 축적 여부는 나무 잎에 축적된 오염물질과 연관하여 검토한다. 하지만, 토양이나 식물체를 분석하는 것은 비용도 많이 들어가므로 전문가들은 가시적인 현상을 통해 쇠퇴도를 파악한다. 주요 영양분의 결핍으로 수목의 잎이 노랗게 변하는 황화(黃化), 수분 조건이 불량하여 잎이 마르는 위조(萎凋), 잎 크기가 작아지거나 줄기 생장이 좋지 않은 생육 불량 등이 그 예이다.

가로수나 공원의 나무들은 앞서 설명한 것처럼 대기오염이나 사람들의 빈번한 방문·이용으로 인하여 잘 관리되지 않으면 쇠퇴하기 쉽다. 식생의 형태에 따라 이용 형태도 다른데 대체로 잔디밭 이용이 가장 많으며, 지피식생이 전혀 없는 곳은 사람들의 이용도가 낮다. 지피식생(地被植生)의 도입은 토양의 물리적 성질 개선에 큰 도움이 된다. 낙엽이나 낙지 등 유기물을 그대로 놓아두는 것이 토양의 물리성 보존에 큰 역할을 하며, 이들은 또한 치환성 염기류를 공급하여 토양 산성화를 억제하는 작용과 더불어 토양의 완충능력 및 비옥도 증진에 기여한다. 가로수의 경우에는 키가 큰 나무 아래에 관목류를 심어서 전반적인 조화를 이루는 방식으로 심으면, 토양 양분 관리와 더불어 경관적인 측면으로도 좋다.

가로수는 한정된 범위 내에서만 효력을 발휘할 수밖에 없음을 인정해야 한다. 우리나라와 같은 온대지역에서는 상록수를 가로수로 심지 않고 늦가을에는 낙엽이 지는 낙엽 활엽수를 주로 심는다. 여름에는 가로수가 그늘을 제공하고 공기정화 역할을 하지만, 겨울철에 그늘을 만들면 도로가 얼어서 통행에 불편함을 줄 수 있기 때문이다. 또한, 도심에서는 일정한 크기가 넘으면 수용될 수 없는데 수많은 양버즘나무가 머리가 잘린 것처럼 심하게 전정되어 있는 모습을 보면 안타까운 마음이 든다. 가로수는 화분에 심겨진 나무와 비슷하게 생각하여 처음에 가능하면 큰 화분을 사용하듯 넓은 공간을 제공하고, 필요할 때는 분(盆) 갈이를 하듯 토양을 교체해 주어야 한다. 화분에서 수용할 수 없는 수준이 되면 외부로 반출하고, 작은 나무로 교체하는 것과 비슷하게 관리하는 것이 바람직하다.

가로수와 도시공원은 산이나 들의 모습을 그리워하는 정서를 보강해 주는 방식으로 도입된 것이다. 회색빛 건물이나 검은 아스팔트 위에서 녹색공간을 통해 나무가 주는 각종 혜택을 누리면서 특히 정서적인 안정도 추구한다. 하지만, 도입할 때 기대한 바를 지속적으로 누리려면 늘 관심을 가지고 투자해야 한다. 도시의 오아시스와 같은 존재가 유지되기 위해서는 지속 가능한 이용방법을 모색하여 공존할 수 있도록 늘 관심을 가져야 한다. 특히 관심을 가져야 할 부분이 나무들이 자라고 있는 토양조건이며, 필요한 수분과 양분이 제대로 공급되고 지나치게 심한 대기오염으로 인한 산성화가 일어나지 않도록 관리할 때 영원한 동반자로 우리 주변에 계속 머물 수 있다.

03
난지도(蘭芝島)

    대구 수목원은 경치도 좋으며 깨끗하고 정비가 잘 되어 있어서 여가와 휴식 공간으로 매우 좋은 곳으로 평가받고 있다. 무료로 개방되므로 인근 아파트 단지에서 운동할 겸 산책하러 오는 사람들이 많은데, 사실 이곳은 대구 외곽에 위치한 쓰레기 매립지이었다. 1986년 12월부터 1990년 4월까지 약 3년 5개월간 대구시민의 생활쓰레기 410만 톤을 매립하고 이후 5년 정도 방치되어 있던 곳을 대구시가 수목원으로 탈바꿈시켰다. 1996년부터 1997년까지 대구 도시철도 1호선 건설 등 각종 건설 공사에서 발생한 흙 150만㎥를 활용하여 평균 6~7m 높이로 복토를 했다. 이후 1997년부터 2002년까지 5년에 걸쳐 수목원을 조성하여 2002년 5월 개원했는데, 쓰레기 매립지를 생태단지로 조성한 우수사례로 손꼽힌다.

    비슷한 사례이자 대비되는 곳으로 언급되는 곳은 서울의 난지도 쓰레기 매립지이다. 난지도의 '난지(蘭芝)'는 난초와 지초(芝草)를 아우르는 의미로 쓰레기 매립지가 되기 전에는 철 따라 온갖 난초와 꽃들이 만발해 꽃섬이라 불리기도 했다. 맑고 깨끗한 수질 덕에 새들의 먹이가 되는 수생 동식물 또한 풍부하여 겨울이면 수만 마리의 철새들이 날아드는 자연의 보고였다. 그런데 1978년 서울시 쓰레기 매립장으로 지정되면서 죽음의 땅으로 바뀌기 시작했다. 1978년 3월부터 매일 약 2만 톤의 쓰레기 매립이 시작되어 1984년까지 약 6년간 쓰레기 매립지로 사용할 계획이었는데, 대체할 수 있는 매립지 확보에 난항을 겪으면서 1988년에는 하루 3만 톤에 육박하는 쓰레기가 매립되었다. 이후 1992년 11월 26일 김포 매립지가 생기면서 1993년 3월까지 15년 동안 약 9,200만 톤의 폐기물이 매립된 후 난지도 쓰레기 매립이 종료되었다.

난지도 매립지는 침출수, 매립 가스 등에 대한 대책이 전혀 없는 비위생 매립방식으로 운영되었고, 과도한 양의 쓰레기가 매립되어 많은 문제가 발생하였다. 쓰레기가 썩으면서 생긴 침출수와 매립 가스가 토양, 수질, 대기오염 문제 등 환경 문제를 일으켰고, 과도한 양의 매립은 지반 침하와 사면붕괴 같은 안전 문제를 초래했다. 매립 가스는 메탄가스와 이산화탄소가 주성분인데, 특히 인화성과 폭발성이 강한 메탄가스로 인해 난지도는 여러 차례의 화재 사고를 겪기도 하였다. 이와 함께 매립된 쓰레기가 분해되는 과정에서 쓰레기 층의 불균일한 침하로 인하여 침출수 수위가 상승하고 사면붕괴도 일어나는 상황이 되었다.

두 지역의 매립방식이나 이후 복원작업을 비교하면 매립기간은 거의 5배, 매립량은 20배가 넘으므로 단순하게 비교할 수 없다. 그런데 난지도 매립지가 계획된 종료시점을 넘기며 운영될 수밖에 없는 시기에, 이를 타산지석으로 삼아 매립을 시작한 대구는 위생적인 매립방식을 따랐다는 점은 특기할 사항이다. 즉, 〈그림 18〉에서 보여주듯이 서울시의 매립방식은 특별한 처리를 하지 않은 무처리 매립방식이었던 반면, 난지도의 문제를 반면교사로 삼을 수 있었던 대구시의 매립방식은 보호매립 방식에 가까운 형태로 진행하면서 복원방식이나 소요시간에서 큰 차이를 나타내게 된다. 특히 〈그림 18〉의 (ㄱ)에서는 쓰레기를 매립하면서 중간에 간헐적으로 흙을 덮어주는 공정이 있지만, 서울시는 이마저도 무시하고 쓰레기만 매립하면서 큰 문제를 만들었다. 100m 이상 쌓여있는 쓰레기 산의 아랫부분에서 분해가 진행되면서 공간이 생기고 쓰레기 더미가 붕괴되는 일이 벌어졌다.

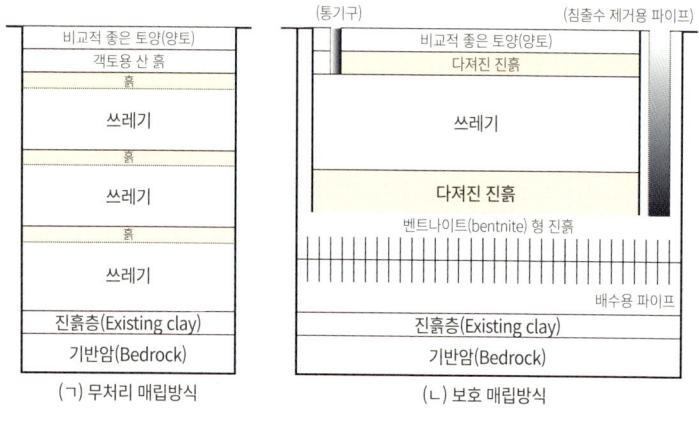

<그림 18> 무처리 매립방식과 보호 매립방식의 모식도

우리나라에서 매립지 사후관리 규정은 1996년에 이르러서야 폐기물관리법에 처음 등장한다. 이 규정을 통해 1998년 이후 폐쇄되는 매립지는 적절한 사후관리를 위해 공학적인 대책을 마련하고 20년 이상 환경관리를 하게 되었고, 2010년에는 사후관리 규정이 강화되어 환경관리 기간이 30년으로 늘어났다. 난지도 매립지의 경우 1993년에 매립이 종료되어 사실상 폐기물관리법이 정하는 쓰레기 매립지 사후관리 규정의 적용 대상은 아니었다. 하지만, 서울시는 환경 및 사회적인 문제

로 부상한 난지도 매립지를 대구시의 사례를 참고하여 생태공원으로 탈바꿈시키는 계획을 세웠다. 약 3년간의 사전조사를 통해 1996년 수립한 설계를 토대로 안정화 공사를 시작하였다. 20년 이상이 경과되었지만, 난지도 매립지의 안정화는 아직도 진행형이라고 할 수 있다. 매립지 안정화란 매립된 폐기물이 장기간에 걸쳐 유기물은 분해되어 매립가스 또는 침출수의 형태로 배출되고, 무기물과 중금속류는 용탈되어 침출수로 배출되면서 매립 지반이 침하된 후, 최종적으로 원래의 토양과 같은 상태로 환원되는 것을 말한다.

난지도는 쓰레기 매립기간 동안 비위생방식의 매립을 지속하였다. 이로 인해 침출수, 악취, 유해가스가 발생하여 주변 한강의 수질과 토양 오염을 초래하였으며, 또한 지역 생태계가 파괴되는 심각한 환경문제를 초래하였다 따라서, 난지도 안정화 공사는 ① 침출수가 새어 나오지 않도록 차수벽을 세우고, ② 오염된 물을 정화시키는 침출수 처리, ③ 매립지 상부에 흙을 덮어 초지를 조성하는 상부 복토작업, ④ 유해가스를 모으고 처리하는 가스 처리와 매립지 주변 환경을 관리하는 사면 안정 처리 등 크게 네 가지의 처리 방법이 적용되었다.

네 가지 처리방법이 모두 토양과 관련이 있지만, 설계과정에서 내가 자문에 관여했던 상부 복토작업과 관련한 내용을 중심으로 이야기를 전개하고자 한다. 상부 복토작업은 궁극적으로 흙을 덮은 후 그 위에서 식물이 성장할 수 있도록 만드는 작업이다. 일정한 쓰레기 매립층 위에 충분한 토양이 덮여야 식물이 자랄 수 있는데, 특히 풀과 달리 나무는 여러 해 자라면서 뿌리를 땅속 깊이 분포하게 되므로 충분한 양의 토양 두께가 확보되어야 한다. 그런데 쓰레기가 썩으면서 일어날 수 있는 지반 침하량은 20년간 최대 3.6m 이상으로 예측되었고, 이를 감안할 때 2m 이상의 복토가 필요하다는 의견을 제시하였다. 복원 담당자는 가능하면 얇은 복토 두께를 계산해 주길 원했는데, 난지도 매립지는 약 24만6천㎡의 면적이므로 1cm를 높이는데 2,460m³(약 5,000톤)의 흙이 필요하므로 공사비용 절감을 위해 정밀한 최소치를 요청한 것이다. 결국, 약 540만 톤의 흙을 투입하며 평균 1.4m 수준으로 복토 두께가 결정되었고, 상부는 4% 내외의 경사를 갖도록 하여 빗물의 흐름 등을 고려하면서 식물을 심기에 적당한 땅으로 만들었다.

난지도 생태공원 조성사업 이후 난지도뿐만 아니라 주변 지역까지 생태적인 여건이 크게 개선되었다. 공원에는 수목과 초본식물이 100만 그루 이상 식재되었는데, 3년 후에는 풀과 나무가 기존 쓰레기 층의 경사면을 덮었으며, 2010년에는 식물종이 95과(科) 502종(種)으로 늘어났다. 이와 더불어 새, 곤충, 양서류, 어류, 포유류의 수도 함께 증가하였고, 생물 다양성 증진 효과와 함께 대기 및 수질 환경도 크게 개선되었다. 그 결과, 난지도 생태공원은 대표적인 서울시의 환경 친화 사업으로 자리 잡아 연간 약 980만 명의 시민과 해외방문객이 이용하고 있다.[40]

대구시와 서울시가 수목원이나 생태공원 조성을 위하여 얼마나 많은 비용을 투입하였는지는 굳이 비교하지 않겠다. 하지만 〈그림 18〉의 (ㄱ)에서 보여주는 무처리 매립방식처럼 일정한 양의 토양을 주기적으로 공급하면 서울시의 경우와 같은 심각한 문제를 낳지 않는다는 점을 강조하고 싶다. 사실, 대구시의 쓰레기 매립방식도 (ㄴ)의 형태가 아니라 (ㄱ)의 방식에 가까웠다고 할 수 있었지만, 중간에 포함된 흙과 그 속

---

40) 출처 : https://seoulsolution.kr/node/3421

에 있는 미생물에 의하여 자연스럽게 분해가 촉진되면서 안정적인 모습을 일찍이 갖출 수 있었다. 반면, 허용용량을 초과하는 쓰레기가 흙도 없이 매립되는 경우에는 심각한 결과가 초래된다는 점을 기억해야 한다.

04
분해(分解)의 미학

쓰레기는 적게 배출될수록 좋다. 이를 위해 재활용을 권장하는데, 특히 유기물을 포함한 폐기물(유기성 폐기물)은 토양미생물을 이용하여 부숙(腐熟)[41] 과정을 거치면 재활용할 수 있다. 유기성 폐기물의 재활용은 자원의 효율을 높이는 과정인데, 다른 쓰레기류도 섞어서 부숙할 수 있다. 부숙 과정을 거친 쓰레기의 재활용을 통해 매립지를 줄일 수 있고, 이를 활용하면 토양의 구조나 보수력, 비옥도를 높여 토지 생산성을 증대할 수 있다. 하지만, 단순히 매립하는 것에 비해서는 경비가 많이 소요되고, 밭에 쓰레기를 버리는 것으로 인식하여 거부감을 표하는 일반인이 많다. 또한, 제대로 숙성하지 않으면 토양이나 지하수의 오염과 더불어 식물체 내에 중금속 등 오염물질이 축적될 위험도 있다.

이에 따라 반드시 충분한 부숙 과정을 거쳐서 재활용하는 것이 바람직하다. 〈그림 19〉에 나타낸 것처럼, ① 재활용이 어려운 물건을 골라서 제거하고, ② 크기 축소를 위한 파편화 작업 및 선별, ③ 미생물을 활용한 부숙(비료나 유기물을 섞을 수 있음), ④ 활용을 위해 다시 고르기, ⑤ 활용 불가능하거나 부숙이 안 된 물품의 폐기(약 25%), ⑥ 부숙된 산물의 농업적 활용 절차로 진행된다.

---

41) 부숙(腐熟: composting) : 썩어서 익게 만드는 절차로, 퇴비나 두엄을 만드는 과정을 말한다.

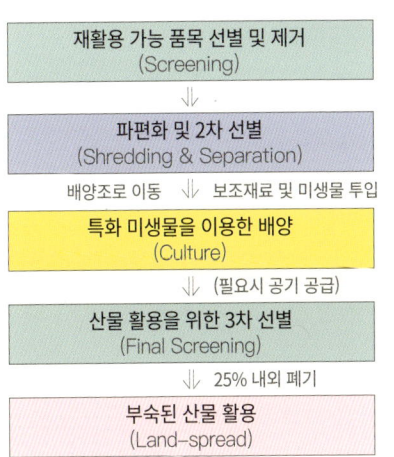

<그림 19> 부숙 공정을 통한 유기성 폐자원 재활용 공정

  고형 쓰레기만이 아니라 정수(淨水) 과정에서 발생하는 액상 찌꺼기도 미생물을 사용하여 부숙시킨 후 활용할 수 있다. 하수처리는 ① 거르기, ② 1차 침전, ③ 폭기조에서의 분해, ④ 2차 침전, ⑤ 농축, ⑥ 혼합, ⑦ 치료, ⑧ 탈수 공정을 거치게 되는데 이 공정의 최종 산물로 만들어진 슬러지(sludge)를 활용한다. 슬러지는 폐수 처리 후 남는 잔존물로 가정 폐수 및 각종 공장 폐수의 1차 혹은 2·3차 정화 후 바닥에 남는 것을 말하는데, 원래는 고형물의 함량이 5% 미만이지만 탈수과정을 통해 수분함량 70% 정도로 만들 수 있다. 폐수 종류에 따라 슬러지 성분이 다르지만, 대체로 유기물 함량이 높아 농업적 활용이 가능하다.

  슬러지 처리를 위해서는 두 종류의 미생물을 사용하는데, 먼저 하수처리의 ③단계에서 언급된 폭기조에서 활용하는 각종 미생물의 혼합체를 넣어준다. 미생물 혼합체 중 일반적으로 호기성(好氣性) 미생물의 효율이 높으므로 공기(산소)가 공급될 수 있도록 교반(攪拌)을 해 주는 것이 좋다. 한번 활용하기 시작한 미생물은 계속 활용이 가능하며, 때로는 산소가 부족한 여건에서 분해를 할 수 있는 혐기성 발효 미생물을 추가로 투입하여 분해도를 높인다.

미국 위스콘신(Wisconsin) 주의 경우는 1923년 이후 관련된 연구를 진행하면서 슬러지를 '흑금(黑金; black gold)'이라고 표현하면서 활용했는데, 슬러지와 더불어 하수를 직접 사용하는 방법도 연구된 바 있다. 그런데 하수 슬러지는 지역별로 성분이 크게 차이가 나며, 처리방법에 따라 고형물의 비중도 다르게 나타난다. 고형물질의 함유량에 따라 활용방법도 달라야 하는데, 고형물의 함량이 12% 미만인 경우는 일반적인 액체처럼 처리할 수 있으므로 표면살포나 토양주입(injection) 처리를 한다. 반면, 고형물 함량이 20%가 넘는 경우는 특수한 고압 장비가 요구되는데 고형물이 30%에 이르는 정도까지는 농부들의 인분 살포기를 활용할 수 있다.

유기성 폐기물을 부숙시킨 비료를 작물생산에 활용하는 경우에는 특히 충분히 부숙이 되었는지 확인해야 한다. 충분히 부숙되지 않은 유기질비료를 사용할 때는 악취가 발생하고 작물에게 오히려 해를 끼칠 수 있다. 또한, 늦게 분해가 진행되면서 열이 발생하거나, 분해에 관여하는 미생물이 식물이 사용하려는 수분이나 양분을 놓고 경쟁하는 일이 벌어질 수 있다.

「유기성 폐자원 재활용연구회」라는 모임에 참여할 때의 에피소드를 소개한다. 유기질비료 회사 사장이었던 한 회원이 유기질비료를 엄청나게 많이 수주했다고 기뻐하며 저녁을 사겠다고 했다. 그분의 회사 형편상 수주한 양의 30% 수준밖에 생산할 수 없는데 어찌된 영문인지 가우

뚱하는 마음이었고, 당일 여건상 저녁을 먹을 수 있는 형편이 아니라 그냥 헤어졌다. 그런데 3개월이 지난 후 두 배로 배상해야 하는 사태가 벌어졌다고 울상을 지으며 어떻게 해야 하느냐고 하소연을 하는 것이었다. 생산 용량을 초과하여 납품하다 보니 부숙이 덜 된 유기질비료를 납품했고, 그로 인해 파종한 식물이 발아(發芽) 직후 말라 죽는 현상이 발생하여 비료 대금은 물론 종자와 인건비까지 변상해야 하는 상황이 된 것이다. 사실상 아무런 대책이 없었기에 저녁식사를 대접받지 않은 것을 다행스레 여기며 넘어갈 수밖에 없었는데, 과욕이 부른 참사를 보며 안타까움을 금할 수 없었다.

  토양미생물을 이용하여 유기성 폐자원을 재활용할 수 있다는 것은 환경보호 차원에서 정말 좋은 일이다. 눈에 잘 띄지는 않지만 환경을 위해 애쓰는 친구들의 실력을 발휘시켜 건전한 지구환경을 만드는 보람된 일이다. 하지만, 이러한 작업은 개념적인 수준이 아니라 정확한 지식을 가지고 체계적으로 접근해야만 결실을 맺을 수 있다. 「신은 디테일에 있다」 항목에서 언급했던 것처럼, 선무당이 사람 잡는 일을 하지 않도록 전문가로서 치밀한 검토를 하며 장기적인 시각으로 일을 처리해야 한다. 분해 능력이 뛰어난 세균을 찾아 오염물질을 제거하는데 활용할 수 있지만, 사실은 인체에 전혀 무해한 수준으로 오염물질의 농도를 낮추는 것은 불가능에 가깝다. 연구 전문가는 생물학적인 활동으로 박멸 또는 완전 제거라는 것을 이룰 수 없음을 알기에 절대적인 '0'을 요구하는 행정가들과 마찰을 빚곤 한다. 「빈익빈 부익부」에서 비료를 줄 때 정확히 필요한 양을 공급했다고 생각하지만 누출(漏出)이 생길 수 있으므로 여유분을 함께 투입해야 원하는 결과를 얻을 수 있다고 했던 것처럼, 생물학적인 세계는 반드시 완충과 여유를 요구하기 때문이다. 분해의 아름다움을 이야기할 때는 예술성이나 가치를 논하는 형이상학에 머물지 않고, 현상을 구명하는 실질적인 접근이 함께 이루어져야 한다.

05
장릉(莊陵)의 추억

　강원도 영월에 출장을 갔다가 조선 제6대 왕인 단종(1441년~1457년)의 무덤인 장릉에 방문하였다. 단종은 만 11세의 어린 나이에 즉위하였으나 세조에게 왕위를 빼앗기고 노산군으로 강봉되어 영월로 귀양 보내진 비운의 왕이다. 단종은 결국 관풍헌에서 죽임을 당한 후 동강에 버려졌는데, 후환이 두려워 선뜻 주검을 거두는 사람이 없었다. 그런데 당시 영월 호장(戶長)이었던 엄흥도가 밤중에 몰래 시신을 수습하여 산으로 가는 중에 노루 한 마리가 앉아 있는 곳에만 눈이 쌓이지 않은 것을 발견하고 그곳에 단종의 시신을 묻었다고 한다. 이후 100년 가까이 지난 중종 36년(1541년)에 이르러 영월군수 박충원에 의하여 묘가 발견되었고, 묘역이 정비되었다고 한다. 장릉(莊陵) 주변에 심겨진 소나무들이 단종의 넋을 기리며 인사하듯 능(陵)을 향해 구부리고 있는 모습이 인상적인 곳으로 알려져 있다.

　출장에서 돌아와 몇 개월이 지난 후 병해충을 전공하시다가 퇴직하신 과장님께서 연락을 주셨다. 장릉 소나무들의 수세(樹勢)가 약해져서 관리해 달라는 요청이 왔는데, 병해충 피해는 전혀 없어서 토양 문제가 아닐까 생각되는데 도와줄 수 있느냐는 연락이었다. 결론부터 이야기하면, 내가 도와 드릴 수 있는 수준의 문제가 아니라는 답을 해야만 했다. 왜냐하면, 내가 현장에서 보고 느낀 바에 따르면, 영월 장릉은 토양의 퇴적양식(堆積樣式)을 고려할 때 소나무가 일정한 크기 이상 자랄 수 없는 토양이라고 판단되었기 때문이다.

토양의 퇴적양식이란, 토양이 만들어져서 그 자리에 머물게 된 배경과 과정을 말한다. 정적토와 포행토, 그리고 붕적토로 구분하는데, 정적토(定積土)는 풍화된 토양이 그 자리에 남아서 형성된 토양으로 잔적토(殘積土)라고도 한다. 포행토(匍行土)는 위에서 내려온 토양과 아래로 내려간 토양이 거의 같은 조건에서 만들어진 토양이며 흙이 아래쪽으로 움직이고 있는 것을 말한다. 그리고 붕적토(崩積土)는 위에서 내려온 토양이 쌓여서 만들어진 토양을 말한다. 영월 장릉 토양의 퇴적양식은 포행토로 토양이 약간씩 아래로 이동하는 상황이었다. 소나무의 뿌리가 움직이는 토양을 따라 아래로 내려가고 있으며, 이 모습이 윗부분에도 반영되어 소나무가 능을 향해 인사하듯 구부리고 있다. 혹자는 우연히 노루가 앉아 있던 자리가 명당(明堂)이었다고 이야기하며, 능 주변의 소나무들이 단종에게 인사하는 모습이라는 표현도 하지만 나는 이에 동의하지 않는다.

포행토 여부를 파악하기 위해서는 토양이 이동하는지를 잘 살펴보아야 하지만 단기간에 이동하는 것이 아니라 서서히 움직이므로 눈으로 확인하기는 쉽지 않다. 그런데, 앞서 언급한 것처럼 나무뿌리의 터전이라고 할 수 있는 흙이 이동함에 따라 뿌리도 함께 같은 방향으로 뻗어 나가고, 나무뿌리와 함께 수관(樹冠; 나무 깃)도 같은 방향으로 발전하는 모습을 보면 포행토라는 사실을 알 수 있다. 경사지에 자라는 나무지만 위로 곧게 잘 자라는 곳은 퇴적양식이 포행토가 아니라 정적토임을 알 수 있으며, 반면 경사가 심하지 않고 나무 간의 경쟁이 심하지 않은 상황에서도 나무가 아래쪽을 향해 휘어 있다면 토양이 움직이고 있다고 판단하는 것이 타당하다. 물론, 바람에 노출된 정도나 경사면의 방향에 따라 정밀한 관측이 필요하지만, 토양의 안정성이 그 위에 자라는 나무들에 표현되고 있음을 고려하면 된다. 따라서 포행토의 퇴적양식을 지닌 곳은 명당이 아니라 오히려 묫자리 선정 시 피해야 할 곳이라고 할 수 있다. 관을 묻은 지 얼마 되지 않았는데도 관이 사라지는 묫자리가 있는데, 포행토의 퇴적양식을 지닌 곳에서 나타나는 현상이다. 관이 사라지는 묫자리를 명당이라고 하는 것은 천만부당하며, 100년생이 채 되지 않은 소나무들이 550년 전에 세상을 떠난 단종의 넋을 기리며 인사를 하고 있다는 것도 스토리텔링으로 사용하기에는 비약이 너무 크다고 할 수 있다.

풍수지리에서 명당을 이야기할 때 죽은 자를 위한 자리는 음택(陰宅), 산 사람을 위한 자리는 양택(陽宅)이라고 하는데, 사실상 원리는 비슷하며 안정적인 땅을 기본으로 한다. 나는 이러한 기본 원리를 단종을 영월 청령포로 귀양 보낸 세조와 한명회가 잘 알고 있었으며, 단종의 시신이 어디에 매장되었는지도 충분히 알았을 것으로 추론한다. 명당이라고 판단된 곳에 단종의 무덤을 만들었다면 이를 허용하지 않았겠지만, 막상 시신을 수습하여 매장한 곳이 풍수지리 측면에서 별로 좋지 않은 장소이었기에 눈감아 준 사건으로 해석한다. 물론 이에 대해서는 역사적인 고증과 평가가 필요하겠지만, 토양학자의 시각에서 볼 때 장릉은 능(陵)을 만들기에 결코 좋은 곳이 아니라고 여겨지기 때문이다. 단종의 사후에도 세조와 측근들은 시신 수습에 대하여 좋지 않은 곳에 매장하는 것을 허락하며 타협점을 찾았던 것으로 생각된다.

등산하다가 소위 말하는 '양지바른 명당'이라서 정자나 별장을 지으면 좋겠다고 생각되는 곳에는 어김없이 죽은 자가 이미 자리를 잡고 있음을 발견한다. 앞서 언급한 것처럼 양택과 음택의 기본 원리는 같기 때문인데, 나는 명당에 묘를 쓰면 후손이 번성한다는 이론은 결과론적인 이야기라고 생각한다. 후손이 번성하여 경제적인 풍요로움이나 권세를 갖게 되면 살아있는 사람도 부러워할 만한 곳에 조상의 묘를 아름답게 꾸민 것이라고 생각한다. 권세를 이용하여 명당에 모셔졌을 한명회도 후대에는 부관참시(剖棺斬屍)를 당하는 수모를 겪었는데, 묫자리가 후손이 아니라 당사자의 훗날도 보장하지 못한 사례라고 할 수 있다. 토양이 좋고 나쁜 영향을 주는 것은 사실이지만, 땅속에 묻힌 사람이 그곳에 살지 않는 사람에게 미치는 영향이 토양 때문이라고 말하기는 어렵다. 반면, 떠나가는 흙을 좇아 따라가는 나무뿌리와 그 뿌리를 따라 기울어지는 나뭇가지를 생각하면 한번 맺은 관계를 계속 유지하고 동행하려는 나무에게 애틋함이 느껴진다.

06 가이아(GAIA)

　에티오피아에 산림복원과 관련하여 출장을 갔을 때의 일이다. 출장 목적은 지역 특성을 고려한 산림관리 방식에 대한 조언이었는데, 에티오피아가 워낙 큰 나라이고 환경 여건도 다양하여 이동시간이 많았다. 산지의 여건별로 어떻게 관리하는 것이 바람직한지 설명하기 위함이었는데, 이동하는 중간에는 산지가 아니라 농지가 많이 보였다. 농지는 주요 곡물인 테프(teff)[42]를 주로 재배하고 있었는데, 점차 사탕수수 재배지가 확대되고 있다고 한다. 그런데 최근에는 비료 공급은 어려운 상황에서 지력이 떨어진 탓인지 생산성이 계속 떨어지고 있어서 문제가 되고 있었다. 연작(連作)[43]으로 인해서 해당 작물이 원하는 양분이 점차 부족해지는 반면 관련되는 작물에 피해를 주는 해충이나 병균은 많아지면서 발생하는 문제였다.
　연작으로 인해 나타나는 현상이므로 동일한 작물을 계속 재배하지 말고 다른 작물 1~2종류를 섞어서 교대로 재배하면 될 것이라고 조언했다. 그런데 농민들에게 윤작(輪作)을 조언하지만 전통적으로 재배하던 작물을 계속 재배하겠다고 우긴다는 것이다. 문제의 원인을 알고 있고, 해결 방

---

42) 테프(teff) : 벼과에 속하는 작물. 씨앗의 크기는 1밀리미터 이하이며, 섬유, 단백질, 철과 칼슘의 좋은 급원이고, 에티오피아에서는 주식인 '인제라(injera)'라는 빵을 만드는데 사용된다.
43) 연작(連作; 이어짓기) : 잇달아 똑같은 종류의 작물을 재배하는 것을 말하며, 다른 작물과 섞어서 재배하는 윤작(輪作; 돌려짓기)에 비해 생산성이 떨어지는 문제가 많이 발생한다.

법을 알려주는데도 고집을 부리고 있어서 쉽지 않은 상황이었다. 제5장의 「선순환체계」에서 설명한 것처럼 회복탄력성(回復彈力性)을 높이려는 노력보다는 그저 내성(耐性)에만 매달리고 있는 모습이라고 할 수 있다.

멀리 아프리카에서만 이러한 현상이 나타나고 있는 것은 아니다. 우리나라 농지와 산지에서도 비슷한 현상이 있다. 논에서 벼를 계속 재배하다 보면 벼가 많이 흡수하는 규소(Si)가 토양에서 사라지게 되면서 모래의 주성분인 규산(硅酸)이 줄어들면서 흙의 물리적인 특성이 변화하여 고운 입자의 흙으로 변한다. 즉, 벼를 계속 재배하는 경작방식은 진흙을 많이 만들어낸다. 또한, 우리나라의 나무들은 양이온 형태를 띠고 있는 양분(NH_4^+, K^+, Mg^{2+} 등)을 많이 흡수하면서 토양에서 사라진 양이온을 대체하는 수소이온(H^+)이 많아지면 토양이 산성화된다. 즉, 토양은 식물의 활동에 따라 쉽게 눈에 띄지 않는 변화를 겪고 있으며 이 변화는 토양생태계의 전반적인 변화를 유발하고 있다. 이 변화에 따라 민감한 토양 미생물상은 천이(遷移)를 겪게 되고, 거시적인 면에서 보면 농지나 숲 생태계의 천이(遷移)로 연결된다.

그런데, 생각보다 이러한 현상은 인간사회를 포함한 자연계에서 많이 관찰된다. 특히, 전통적으로 우위를 점하는 위치에 서 있는 부류에서 더 많이 나타난다. 소위 기득권층에서 나타나는 문제라고 할 수 있는데, 다소의 문제가 있다는 것을 알면서도 그리 큰 문제로 여기지 않고 버티다가 종말을 맞이하는 모습이라고 할 수 있다. 이러한 문제를 일찌감치 감지한 진화론자나 기후학자들은 '가이아 가설(Gaia Hypothesis)'을 주장하며 변화에 민감한 대응 필요성을 강조한다.

가이아(Gaia)는 그리스 신화에 등장하는 대지(大地)의 여신이며, 로마신화에 나오는 땅의 여신 '테라'와 동일시된다. 신화에 따르면, 가이아는 땅(지구)을 지나치게 괴롭히는 존재를 그냥 놓아두지 않는다. 공룡이 사라진 이유는 비대하게 커진 몸을 위해 지나치게 많은 식물을 먹어 없애는 모습을 보고 가이아가 멸절시킨 것이라고 한다. 이 신화를 진화론자들은 재해석하는데, 먹이사슬의 최상위권에 위치하며 변화에 둔감하던 공룡이 기온의 변화에 적응하지 못해서 멸종하게 되었다고 설명한다. 즉, 가이아라는 지구의 여신은 기후변화를 통해 지구에 지나친 부담을 주는 존재를 제거했다는 것이다. 토양의 문제로 다시 좁혀서 이야기를 풀어 보면, 흙에서 일정한 양분을 과도하게 빼먹는 작물은 자랄 수 없도록 토양이 제어하는 것과 비슷한 이치라 할 수 있다.

먼 나라 에티오피아의 농사 이야기가 결코 그들만의 문제가 아니라 우리 생활에서도 많이 나타나고 있음을 깨달아야 한다. 인간이 들을 수 없는 말이라고 할 수 있지만, 토양은 우리의 삶에 변화와 적응이 필요함을 일깨운다. 그런데 문제가 있다는 지적이 있음에도 불구하고 버틸만하고, 큰 변화를 위해 힘을 쏟는 것이 부담스러우니 그냥 머물러 있는 것이 우리의 모습이다. 작은 변화를 무시하는 것은 끓여지는 물속에서 서서히 높아지는 온도 변화를 인지하지 못하고 결국 익혀 죽는 개구리와 같은 사태를 낳는다. 개구리처럼 안주하다가 돌이킬 수 없는 상황이 되지 않도록 더워지는 물에서 뛰쳐나오는 대응이 필요하다.

기후위기가 지구촌의 핵심이슈가 되면서 '가이아 가설(Gaia Hypothesis)'은 공룡이 아니라 인간이 그 대상이 될 수 있음을 지적한다. 대기를 포함한 각종 환경오염을 유발하며 지구환경에 큰 부담을 주는 인류의 활동이 가이아의 인내심 한계를 넘으면 인류를 멸절시킬 수 있다는 것이다.

탈레스의 4원소론에서 언급하는 태양이나 물, 공기가 아니라 나머지 하나인 '흙'을 기초로 한 대지의 여신「가이아(Gaia)」를 지구환경의 보루로 표현한 것이 재미있다. 다른 존재들은 흐름이 있어서 느낌을 줄 수 있지만, 묵묵히 자리를 지키고 있는 것처럼 느껴지는 흙이 오히려 많은 변화를 품고 있다는 것을 부각한 것으로 생각된다. 또한 여신(女神)의 이미지를 통해 극한 상황에서는 모성애를 발휘하며 극단적인 모습으로라도 단호하게 자녀를 지키는 어머니를 상징하는 듯하다. 숲에서 토양이 정말 어머니와 같은 존재이며, 참 많은 것을 품고 말하는 존재라는 사실을 새삼스레 느낀다.

07 흙 속의 진주

　대학 시절, 토양학 수업을 들으면서 정말 재미없는 과목이라고 생각했지만, 성경을 읽으면서 흙으로 사람을 만들었다는 구절에 꽂혀 흙이라는 존재를 다시 보게 되었다. 대학원을 다니면서 숲의 선순환체계를 이루는 근간이 토양이라는 사실을 다시금 깨닫게 되고, 눈에 보이지 않는 존재인 토양미생물의 역할에 경이로움을 느꼈다. 이후, 이들의 역할 이해에만 머무르지 않고, 이들을 잘 관리하고 활용할 수 있는 방법으로 관심 영역이 확대되면서 토양 전문가의 길을 걷게 되었다. 이후 생태학적인 측면에서 각 구성원의 유기적인 역할을 이해하고 통섭적인 시각으로 볼 때, 토양생태계가 인문사회적인 측면의 다양한 모습으로 투영될 수 있음을 깨달을 수 있었다. 토양을 통해 삶을 보고, 삶을 고민하며 토양에서 해답을 찾는 행복을 누릴 수 있게 되었다.

　나는 토양을 연구하는 직업에 종사하다 보니 자동차 트렁크에 늘 삽을 넣고 다녔다. 이 모습을 의아하게 여긴 어머니가 웬 삽이냐고 물으셨을 때, 나는 "예전에 제가 빈둥거리면 나가서 땅을 파 보아라. 십 원도 나오지 않는다고 하셨는데, 저는 땅을 파면 돈이 나와요. 수시로 돈 벌려고 삽을 갖고 다녀요."라고 농담처럼 대답하였다. 하지만, 농담이 아니라 토양을 전공하는 사람으로서 현실을 답한 것이며, 관광이나 다른 목적으로 길을 지나가면서도 절개지(切開地)를 보면 토양단면을 조사하는 마음으로 살펴보곤 했다. 인도네시아에 출장을 가서도 열대지방 토양단면을 확인하고 싶은 마음에 삽을 챙겨 땅을 파는 시간을 굳이 만들어서 다른 사람을 놀라게 한 적이 있다. 기존 지식과 생각의 틀에 갇혀 편협한 판단을 하지 않고 넓은 시야를 얻게 되는 기회를 최대한 누리는 것이다. 이러한 생활 태도가 토양을 통해 삶을 보는 시야를 더 넓혀 준 것으로 생각된다.

물론, 아직도 토양에 대하여 모르는 면이 많고, 이 글을 통해서 다 표현하지 못했지만, 토양을 연구할수록 인생의 여러 가지 면을 가르쳐 줌을 깨닫는다. 나만이 아니라 더 많은 사람이 토양에 숨겨진 보물, 진주를 찾을 수 있기를 소망한다. 특히, 어떤 연구를 하거나 삶을 분석할 때 '잡음적인 요소(noise)'를 걸러내고 일관된 흐름을 찾는 것이 중요하다. 명철한 통찰력이 필요한데, 급한 마음보다는 침착함으로 문제를 천천히 살펴보며 해답을 찾아가야 한다.

과거 대학교에서 토양학 강의할 때 중간고사에 꼭 출제하는 문항이 있었다. 산자락에 있는 과수원을 대상으로 토양 각 층위의 두께와 밀도, 각종 양분 분석 자료를 제공한 후, 그 지역에 밤나무를 심어 10년을 재배할 때, 질소질 비료를 주어야 하는지 파악하고, 필요하다면 질소 비료 소요량은 얼마인지 계산하라는 것이다. 물론 밤나무 한 그루가 매년 얼마씩 질소 성분을 소모하며, 단위 면적에 몇 그루의 나무를 심었는지 알려준다. 현실을 반영하기 위하여 질소 비료의 종류를 알려주며, 이에 따라 해당 비료 중 질소 성분이 차지하는 비율까지 고려하여 계산해야 한다. 그런데 문제에는 필요한 내용만 있는 것이 아니라, 인산비료에 대한 설명 등 계산에 필요가 없는 내용도 포함하여 집중력을 분산시킨다.

학생들이기에, 다양한 변수를 복잡하게 고려하며 계산해야 하는데 주어진 자료 중에는 본 문제를 해결하는데 쓸모없는 것도 들어있다는 힌트를 주지만, 실생활에서는 이러한 친절한 설명은 제공되지 않는다. 그래서 많은 사람이 핵심보다는 주의를 분산시키는 요소에 빠져 엉뚱한 부분에 에너지를 소모한다. 바둑이나 장기를 두는 당사자는 해결책을 잘 찾지 못하지만, 옆에서 훈수하는 사람은 잘 볼 수 있는데 그 이유는 '여유'다. 한걸음 물러서서 바라보고 그 속에 있는 내용만이 아니라 주변을 살피면서 상황을 판단하면 해답이 보이는 것이다.

'흙 속의 진주'라는 말이 있다. 하지만 진주(珍珠)는 바다 조개류의 체내에서 형성되는 구슬 모양의 분비물 덩어리이다. 탄산칼슘이 주성분이며 약간의 유기물이 함유되어 은빛의 우아하고 아름다운 광택을 낸다. 그런데 왜 굳이 '흙 속의 진주'라는 표현을 사용하는 것일까? 비슷한 말로 창해유주(滄海遺珠; 넓고 큰 바닷속에 발견되지 않은 채 남아 있는 진주)라는 말이 있는데, 세상에 미처 알려지지 않은 드물고 귀한 보배를 말한다. 그런 측면에서 보면 '흙 속의 진주'보다는 '토양 속의 진주'가 옳은 표현이라고 주장하고 싶다. '잡음적인 요소(noise)'를 많이 포함하고 있는 토양을 제대로 살펴보게 되면 그 속에서 '인생의 진주(眞珠)'를 찾을 수 있기 때문이다. 특히, 진주가 조개 속에서 오랜 시간 인고의 시간을 거쳐 만들어지는 것처럼, 좋은 토양은 장기간에 걸쳐 생태계의 아름다운 관계를 통해 형성된다.

성숙한 토양생태계는 다양한 관계를 보여주며 삶의 지침을 제시한다. 상조관계에서 보여주는 것처럼 도움을 주지만 굳이 반대급부를 바라지 않는 관계도 있으며, 필수적인 것으로 생각되는 공생관계도 영원히 유지되지 않는다는 것을 생각해야 한다. 토양생태계는 보이지 않는 곳에서 많은 관계가 실타래처럼 얽혀서 돌아가고 있다는 사실을 알려준다. 근시안적으로 보면 운명처럼 벗어날 수 없는 한계에 갇혀 벗어나기 힘들다고 판단될 수 있다. 하지만 넓은 시각으로 멀리 보면, 나그네처럼 지나가는 각 존재가 각자의 역할을 하면서 항상성(恒常性)과 발전을 지향하는 것이므로 잘 풀어낼 수 있다는 희망을 품을 수 있다. 우리의 삶이 복잡하게 얽혀있을 때 토양생태계에서 숨겨진 진주를 찾는 방식으로 접근해 보길 바란다.

닫는 말

논어(論語) 옹야(雍也) 편에는 「지자요수, 인자요산(知者樂水, 仁者樂山)」이라는 말이 나온다. 나름대로 해석해 보면, 지식인은 물을 좋아하고 어진 사람은 산을 좋아한다는 뜻으로 이해된다. 아마도 공자는 호수의 물이 아니라 흐르는 물을 언급하며 지식인(현명한 사람)은 변하고 움직이는 것을 좋아하고, 인자한 사람은 가만히 있는 듯이 보이는 정적(靜的)인 산을 좋아한다고 표현한 것으로 생각된다. 지식인은 새로운 것을 추구하는 성향이니 머릿속에 생각이 많고, 인자한 사람은 정적이니 깊이 생각하여 상대를 배려할 수 있다는 뜻으로 해석된다. 사실 나는 지식인의 삶을 추구하고 살았지만, 끊임없이 변화하고 바쁘게 돌아가는 일상을 살아가다 보면, 머무는 듯 천천히 움직이는 세상을 동경하곤 한다. 계절을 따라 형형색색으로 옷을 갈아입기는 하지만 한 자리에 묵묵히 서 있는 산(山)을 보며 미소를 짓기도 하고, 물고기를 비롯한 수많은 생물을 품고 있지만 잔잔한 모습으로 파문 정도만 보여주는 호수를 바라보며 막연한 부러움을 느끼기도 한다. 그러다가 문득, 산과 호수 속에도 치열한 삶이 있는데 실상을 잘 몰라서 그렇게 오해하는 것이라고 생각이 들면 다시 정신을 차리고 현실로 돌아오게 된다.

여름 휴가철에 비가 온 후 아이들과 함께 숲을 거닐다가 지면 위로 솟아오른 황소비단그물버섯을 발견하여 이름을 알려주고 소나무와 공생관계를 맺고 있는 곰팡이 이야기를 해 주었다. 공생관계에 호기심을 느낀 둘째가 여러 가지 질문을 하며 다른 버섯의 이름도 물었다. 정확한 이름을 몰라 고민하는 아빠를 안쓰럽게 여긴 첫째가 둘째에게 휴가 중인 아빠를 일하게 만든다고 핀잔을 주었다. 하지만, 버섯이나 공생관계에 관심을 표현하는 둘째가 더 고맙게 느껴졌다. 나는 평생 공부하고, 나누며, 가르치는 것을 즐거워하며 살기 때문이다.

숲을 다니다 보면, 각종 버섯이나 새들이 다양한 모습으로 살아가고 있지만, 사람들 대부분은 그들이 누구인지 모르기에 무관심하게 지나친다. 반면, 그들을 조금이나마 아는 사람은 더 많은 관심을 표명하고 그들의 모습을 통해 아름다움을 한층 더 느낄 수 있다. 아는 만큼 보이고, 들리고, 느낄 수 있는 것이다. 겉으로는 평온해 보이는 각종 피사체도 사실은 복잡한 생태계를 가지고 있고, 그 속에 엄청난 삶과 지혜가 존재한다. 숲이라는 거대한 존재는 극히 완만한 속도로 변모하고 있는 듯 느껴지지만, 숲 생태계의 다양한 요소들은 매우 빠른 속도로 변화를 요구하는 물결 속에 살고 있다. 특히 각종 식물이 뿌리를 내리고 다양한 동물들이 밟고 다니는 땅을 보면 거의 변화가 없는 세상으로 여겨지지만, 지면(地面) 아래에는 또 다른 우주가 존재한다. 엄청난 사회활동이 벌어지고 있는데, 자신이 품고 있는 삶의 지혜를 가르쳐 줄 수 있기를 기대하고 있는지도 모른다.

올해의 사자성어를 학자들이 선정하면서 각자도생(各自圖生)이라는 말을 선정한 적이 있었다. 이 말은 각자가 스스로 제 살길을 찾는다는 뜻인데, 원래 조선 시대에 대기근이나 전쟁 등 어려운 상황일 때 백성들이 스스로 알아서 살아남아야 한다는 절박함에서 유래된 슬픈 말이다. 반면, "백지장도 맞들면 낫다."라는 말은 쉬운 일이라도 서로 힘을 합하면 훨씬 더 쉽다는 뜻으로 각자도생과 대비되는 말이다. 개인 능력이 월등히 뛰어나도 혼자 해결할 수 없는 일이 많고, 함께 하면 의외로 쉽게 해결할 수 있는 경우가 많다. 소위 전문가라고 하는 사람들이 범하는 큰 오류는 개별적인 능력으로 문제를 해결하려고 한다는 것인데, 어우러져 살아가는 생태계는 개별 능력이 아니라 다양한 역할을 통해 문제를 풀어나간다. 다양성이 높은 생태계가 내성과 회복탄력성이 큼을 설명한 바 있는데, 외부의 압력이나 간섭이 있을 때 버티거나 극복하는 힘은 개별 구성인자의 단일한 힘이 아니라 복합적인 능력으로 나타난다. 삶은 외부 영향을 받아 끊임없이 변화를 겪게 되는데, 미래 안정된 삶의 보증수표는 다양성에 대한 포용력과 협력체제이다. "빨리 가려면 혼자 가고, 멀리 가려면 함께 가라."라는 아프리카 속담을 되새겨볼 만하다.

 흙, 땅, 그리고 토양처럼 이름조차 다양한 이 단어들은 어떤 의미를 각각 지니는 것인지? 토양이 인류 문명 발달의 토대가 되었다는 엄청난 사실에 공감할 수 있는지? 결혼하기 전에 본인의 짝을 어떤 기준으로 고를 것이며, 살면서 어떻게 살아야 가정이 평안할 수 있는가를 토양을 통해 배울 수 있었는지? 양극화를 만드는 빈익빈(貧益貧) 부익부(富益富)의 기막힌 역사가 낙엽을 떨어뜨리기 전에 나무가 하는 작은 저축 활동에서 기인한 나비효과라는 것이 재미있었는지? 눈에 잘 보이지 않는 미생물이 얼마나 보배로운 존재인지 느끼며 호기심을 키울 수 있었는지? 장릉의 토양이 기어 내려가고 있다는 이야기를 접하면서 단종을 향해 경배하는 모습으로 둘러선 소나무의 아름다움을 깨뜨리는 실망감을 주지는 않았는지? 토양 속에 숨어있는 여러 가지 속성이나 관계를 살펴보면서 삶의 지혜를 깨달을 수 있었는지 궁금함을 품은 채 마무리하려니 많은 아쉬움이 남는다.

더 자세하고 많은 글을 통해 토양에 대하여 제대로 전달할 수 없었다는 미련이 있지만, 지루함을 주지 않는 범위에서 글을 마무리한다. 처음 시작할 때 내가 소망했던 재미와 흐름이 있는 내용을 담고자 노력했지만, 그래도 전공지식을 전하고 싶은 욕심이 있어 어려운 부분을 쉽고 재미있게 표현하지 못한 것은 아쉬움으로 남는다. 마지막으로, 나보다 더 넓고 통섭적인 시각으로 토양을 살펴보고 토양의 입장을 반영하며 과거 역사와 미래를 재미있게 설명할 수 있는 사람들이 많아지기를 기대하는 마음으로 토양으로 세상을 읽는 이야기의 문을 닫는다.

토양으로 읽는 세상
The World read by Soils

2023년 5월 초판 1쇄 발행

지은이 / 박 현
펴낸이 / 윤미향
펴낸곳 / 진애드
등록일 / 2010년 4월 21일
등록번호 / 제301-2007-116호
주소 / 서울 중구 저동2가 47-11 금정빌딩 502호
전화 / 02-2264-0608
전자우편 / jinad2000@hanmail.net

ⓒ박 현 2023
ISBN 979-11-977598-3-3

* 이 책 내용의 전부 또는 일부를 재사용하려면
  반드시 저작권자와 진애드 양측의 동의를 받아야 합니다.